孩子学理财的第一本书

郭芳茹◎编著

中国华侨出版社

图书在版编目(CIP)数据

孩子学理财的第一本书 / 郭芳茹编著.—北京：中国华侨出版社，2012.9（2021.2重印）

（"小橘灯"亲子学堂丛书）

ISBN 978-7-5113-2910-3

Ⅰ.①孩… Ⅱ.①郭… Ⅲ.①财务管理-儿童读物 Ⅳ.①TS976.15-49

中国版本图书馆 CIP 数据核字(2012)第220147号

孩子学理财的第一本书——"小橘灯"亲子学堂丛书

编　　著 / 郭芳茹
责任编辑 / 严晓慧
责任校对 / 李江亭
经　　销 / 新华书店
开　　本 / 787×1092 毫米　1/16 开　印张/16　字数/230 千字
印　　刷 / 三河市嵩川印刷有限公司
版　　次 / 2012年10月第1版　2021年2月第2次印刷
书　　号 / ISBN 978-7-5113-2910-3
定　　价 / 38.00 元

中国华侨出版社　北京市朝阳区静安里 26 号通成达大厦 3 层　邮编：100028

法律顾问：陈鹰律师事务所

编辑部：(010)64443056　64443979

发行部：(010)64443051　传真：(010)64439708

网址：www.oveaschin.com

E-mail：oveaschin@sina.com

前言

俗语说:你不理财,财不理你。由此可见,在追求财富的道路上,理财的话题始终都伴随在我们的左右。

对于大多数的父母来说,理财很重要,可是这仅仅只是针对成年人和大量的财富而言。因此,有的父母就发出了这样的议论:孩子这两个条件都不具备,给孩子上理财课是完全没有必要的!

的确,正如父母所说,孩子的年龄比较小,接触到的财富又非常有限,无外乎就是零花钱、压岁钱等。可是我们也都知道,孩童时期是对一个人各方面塑造的最佳时期!只有让父母抓住这个关键时期,我们的孩子在以后的人生道路上才可能少走弯路。

随着时代的发展,对个人各方面素质的要求也越来越高,为了让孩子拥有一个美好的未来,中国的父母们也可谓是煞费苦心。可是不少的中国父母在教育孩子的时候都陷入了这样的一个误区:在“君子言义,小人言利”的古训下,大多数父母都只注重孩子的智商和情商培养,而忽略了同样重要的财商教育。

这样的教育模式显然是有不足之处的——财商的培养,从来都应该是孩子教育链条上重要的一环!父母作为孩子的第一任老师,更应该担负起孩子财商教育的重任,只有真正提高了孩子的理财能力,当他真正踏入到经济社会中时才能够游刃有余。诸如如何提高孩子的财商、如何建立孩子的财富理念、如何让孩子管理好零花钱、怎么样进行投资……这些财富理念，孩子越早掌握越好！

也许你会说：这些我们能够做得到吗？

当然可以！

在本书中，我们将理论和实践结合在一起，通过一些生动简洁的实例来介绍培养孩子财商的知识，包括为什么要提高孩子的财商、如何树立正确的财富的理念、孩子应具备的一些理财好习惯以及理财工具小集锦等。

更为重要的是，本书打破了一味说教的模式，语言简洁明了、例子真实生动，适合各种文化程度的父母来阅读。相信每位父母都可以在本书中找到最适合自己孩子的理财办法。

想让自己的孩子摆脱贫困的束缚吗？想让自己的孩子将来成为高财商的理财达人吗？那就赶快翻开本书吧，看看那些天“财”宝宝都是怎么“炼”成的！

目 录

第一章 学会理财 孩子人生的必修课

理财能力，这是每一个人都要掌握的基本素质，它关系着一个人的成长、发展，甚至决定了其一生的幸福。越早建立起高理财能力，越能保证未来的成功。所以，孩子虽小，也要进行理财的训练。告诉孩子金钱是怎么来的、让孩子看看家庭的账目、不要过分地给孩子零花钱……唯有如此，孩子才能认识理财、理解理财，愿意做一名理财小高手！

第二章

财富理念

教孩子正确地看待金钱

俗话说得好：金钱是一把双刃剑。想要将高财商给予孩子，我们就要让他树立正确的财富理念。对于这一点，父母尤其应当注意：我们不能给他灌输“金钱万能”的思想。拥有金钱本身是一件好事，但是倘若过分追求金钱而变得贪婪，以为拥有大量的财富便拥有了幸福，这只能让孩子走上穷途末路。所以，教育孩子正确地看待金钱，保持适当的距离，这才能让孩子对理财有一个更进一步的认识。

第三章

提高财商

让 FQ 跟着个头一起成长

为什么美国可以诞生那么多的亿万富翁、世纪富豪?一定程度上是因为美国的孩子从3岁起,就开始了"实现幸福人生"的计划。这些孩子从小就开始理财训练,懂得如何赚钱、如何借钱、如何还钱的方法。"理财也要从娃娃抓起",我们也应当如此,让孩子从小就可以提升财商。唯有如此,孩子的FQ和个头才能一起成长!

第四章

零花钱

理财第一课，从管理零花钱开始

对于孩子来说，零花钱是他们最早接触到的一种金钱类型，所以零花钱的管理对孩子来说也是一门理财重头课！在这方面，父母既要帮助孩子学会存零花钱，又要教会他们合理地运用零花钱，更重要的是激发孩子自己赚取零花钱的潜力！只有这样，才可能让孩子在未来的理财道路上越走越远。

第五章

储蓄与投资

小孩也能拥有自己的账户

世界上没有不会理财的孩子，只有不勤奋的父母！只要父母们善于发掘，就能够探寻到理财天赋。理财的核心在于：既要运用好现有的财富，又能够在这个基础之上创造出更大的财富。由此可见，想要培养出高财商的孩子，父母既要让他们懂得学会储蓄，又要让他们学会投资，双管齐下，才能练就出真正的财富神童！

第六章

省钱

节俭是永不过时的好习惯

陆游曾经说过:“天下之事,多成于节俭而败于奢靡。”在培养孩子财商的时候,节俭也是一个永不过时的理财好习惯。在日常生活中,父母可以通过自己的一言一行来给孩子传授一些节俭妙招,比如说如何砍价、挑选打折商品,等等。当孩子有了这些实战经验之后,自然也就成为一名节俭小高手了!

第七章

理财小妙招

合理运用一些理财工具

很多父母都有这样的疑问,枯燥的理财教育孩子愿意接受吗?其实,父母们大可不必为了这个问题而忧心忡忡,一些理财小工具就可以很轻松地解决这些问题。当孩子不知道怎么存钱的时候,父母可以拿出一个别致的小存钱罐;当孩子陷入盲目购物的误区时,可以给孩子准备一个精巧的购物日记本……只要父母做到这些,还担心孩子对理财不"感冒"吗?

第八章

财富人生

开启孩子财商的理财故事

榜样的力量是无穷的!一说起财富,我们总能想到那些拥有高财商的人:李嘉诚、巴菲特、洛克菲勒,等等。他们的财富也不是信手拈来的,他们之所以能够创造一段段财富传奇,是因为他们身上有着这样或那样的理财头脑。这些智慧值得我们所有人去借鉴,对于孩子来说也是如此。父母们可以利用那些成功人士的理财小故事,将孩子引领到神秘的理财世界!

第一章

学会理财

孩子人生的必修课

理财能力，这是每一个人都要掌握的基本素质，它关系着一个人的成长、发展，甚至决定了其一生的幸福。越早建立起高理财能力，越能保证未来的成功。所以，孩子虽小，也要进行理财的训练。告诉孩子金钱是怎么来的、让孩子看看家庭的账目、不要过分地给孩子零花钱……唯有如此，孩子才能认识理财、理解理财，愿意做一名理财小高手！

金钱"诞生"记

这天,超超和妈妈一起来到超市。妈妈买了很多东西,将购物车塞得满满的。走出超市,超超拎着一个大袋子说:"妈妈,为什么我们要这么麻烦地去超市买东西?如果拿东西跟别人换,那不是比现在更方便和快捷吗?"

听到超超这样问,妈妈笑了。她摸着超超的头说:"超超,你真聪明!很早很早以前,在我们的祖先们还没有造出钱币的时候,就是通过这种'以物换物'的方式跟别人换取自己需要的东西的。你听过'物物交易'这个词吗?"

超超点了点头,说:"老师上课讲过!那么,为什么不继续用这种方法了呢?如果是那样,我们就可以用一块好吃的蛋糕,找我奶奶换好多鲜奶回来!这样的话,我们既不用来超市,更不用排40分钟的队伍,那不是更好吗?"

超超的打破砂锅问到底,并没有让妈妈感到厌烦。妈妈想了想说:"超超,并不是没有人这么做,妈妈可以给你讲个小故事,你听一听,看看听完后还会不会觉得那样子更好。这个故事是这样的:莉莉和妮妮是邻居,一天莉莉突然想要妮妮家的游戏机,莉莉把自己最想吃的苹果派拿出来作为交换,问妮妮可不可以。"这时候,超超的妈妈问他,"超超,愿意交换吗?"

超超当即撅起了嘴:"当然不愿意!游戏机要比苹果派贵得多!"

妈妈说:"现在你明白,为什么没有'物物交易'了吧?"

超超若有所思地点了点头。

很多孩子,都会如此带着稚气地问父母。有的父母,会认为孩子有些烦,就简单粗暴地敷衍了孩子。然而这些父母不知道的是:此时正是建立理财观念的最佳时机!因为只有了解金钱,才能去理财!

我们成年人都会明白,每个人的吃穿住行,都需要通过劳动获取,用适合的金钱额度购买相应的商品。而一个人不可能什么都自己生产,所以绝大多数的东西都需要通过交换得到。在很久以前，人们没有通过固定的、唯一的物品去买东西，所以，各种物品就都是“金钱”，都可以换到想要的东西。

当然，这样的大道理讲给孩子听，一定会引起他们的反感。所以我们在这里举一个实例，通过讲故事的方式，让孩子明白金钱究竟是如何诞生的。

例如，你可以这样对孩子说：“在很久很久以前，作为固定交换的物品通常都是鱼干和盐。但鱼干很容易坏掉，盐也不方便携带。”

此时，孩子一定会迫不及待地问：“是啊，那该怎么解决？”此时你可以继续说：“后来，人们发现由金属制造出来的东西，不爱坏也容易携带，于是‘货币’就这么慢慢地演变而成了。你看看电视上，那些古代的钱，是不是都是金、银或者铜做成的？”

“可是，现在的钱都是纸，并不是金属啊？”

当孩子被你的话题所吸引时，他就愿意主动了解金钱的发展。这时你可以告诉他：“因为纸币更轻便啊！我们的科技发展很快，所以纸币就淘汰了金属货币！现在，还有更加先进的交易方式呢，比如妈妈钱包里的银行卡！”

不要小看与孩子的这种交流，这正是一种理财教育。让孩子了解货币的诞生于发展，他就会知道金钱在社会中的作用。当然，我们也不能忘记提醒孩子，金钱需要通过劳动的付出才可以获得，没有付出就没有回报。不劳而获，这种事在人类社会乃至所有生物界中都是不可能长期存在的。

让孩子明白“金钱是怎样诞生的”，这是我们在开始正式理财课前的“学前教育”。唯有如此，孩子们才能理解：原来钱的获得，并非只是如从 ATM 机中取出来那样简单！而为了让孩子更加明白货币的发展，我们也可以鼓励他，试着用自己手中不太需要的物品跟同学、朋友、亲戚或父母交换自己喜欢的东西，看看可不可以交换成功。如果成功了想一想是为什么，他就会明白自己的东西有多少价值；如果没有成功，我们也不妨告诉他：“这就说明，你的东西的确没有太大价值了，所以不能换来你想要的东西！”

理财当从小抓起

高强今年28岁，他是独生子女。小时候的他非常顽皮，爸爸妈妈平时对他管教得也比较少，只知道一味地满足他的要求，也没有想过那样的要求是否合理。

由于平时不努力学习，高强在高考中落榜了，只好参加了工作，可是由于他的学历太低，在工作中又好逸恶劳，因此他的工作是换了一份又一份。后来，心灰意冷的高强干脆就放弃了工作的打算。

看到这种情况，不仅是他的父母，很多亲戚朋友也为他感到着急，都忙着帮高强张罗工作，可是他最多干两个月，而最短的工作只有两天而已，那些帮忙的人看着他不求上进的样子，也就索性不管了。

现在，高强已经完全放弃了工作的念头，每天的必修课就是上网、玩游戏、打麻将等，所有吃住的花销都是用爸爸的退休工资，而且每次要钱的时候都是一副心安理得的样子。

像高强这样的“啃老族”现实中还有很多，虽然这些人都已经成年，可以自谋生路，但是他们却依然待在家里无所事事。之所以出现这种情况，就是因为父母忽略了从小对其进行财商教育，他们不知道父母辛苦挣钱的不易，才会心安理得地花父母的钱。

这一点，我们尤其应当向父母提出批评。那些卖力为孩子挣钱的父母，面对孩子不恰当的消费理念和消费方式的时候，没有及时地采取措施纠正他们的错误，这加剧了孩子不知如何挣钱、不珍惜手中金钱的现象。这一点，正如美联储主席格林斯潘所说：“如果不想因为错误的理财决定而遗憾终生，就必须从小接受理财教育。”

由此可见，为了孩子以后的发展，一定要从小注重孩子的财商教育。父母可以从以下几个方面做起：

1.让孩子对金钱有一个正确的认识

让孩子正确地认识金钱是父母一定要做的，金钱可以帮助人们实现很多愿望，可以给人们的生活带来很大的变化。可以说金钱是人们生活幸福的重要条件。与此同时，父母还要注意不要让孩子盲目地崇拜金钱，要告诉孩子，在这个世界上有很多东西用金钱是无法衡量的。例如亲情、友情、爱情等。无论到了什么时候，也不要让金钱迷惑了孩子的眼睛。

2.让孩子认识到赚钱的重要意义

要想实现自己的梦想，都必须要经过坚持不懈的奋斗和追求，因此父母一定要让孩子明白财富需要用自己的双手去争取，永远不要抱有侥幸心理，永远不要想着从别人那里不劳而获，当然也包括自己的父母。只有让孩子自己具有坚持不懈奋斗的精神，将来才可能会过上富足的人生。平常生活中，我们不妨让他学会自己赚取零花钱，让他感受一下赚钱的艰辛和意义，这远比空洞的说教要更有效果。

3.让孩子学会从小攒钱

攒钱是一种我们最常见的理财方式，如果不懂攒钱，再厚的家底也会被败光。因此，父母要教育孩子把目光放长远一些，不能只顾一时的享受，让孩子学会攒钱。虽然，孩子的一些要求暂时会因为攒钱而满足不了，但这是为了自己在将来能够生活得更加美好。长此以往，孩子考虑问题也会比较长远。

例如，当孩子有了多余的零花钱时，父母可以引导他存下来买自己想要的东西，当孩子经受不住诱惑想要花掉的时候，父母要及时地劝导孩子坚持下去。我们可以对他说："别忘记了你自己的承诺，请你继续坚持下去！"

4.让孩子学会合理消费

在教育孩子攒钱的同时，告诉他们应该怎么花钱，这同样是一堂重要的理财课。例如，商家为了让消费者购买自己的产品，会想方设法吸引消费者的注意，通过各种各样的手段打动消费者，孩子也会经受不住这种诱惑，或

是在盲从的情况下，购买一些可有可无的东西，甚至还会因为太过草率，顾不上检查商品而买到一些假冒伪劣的产品。

因此，社会经验丰富的父母应该传授孩子一些消费活动中应该掌握的技巧。我们不妨带着孩子经常去超市，让他们看看父母是如何冷静地做出选择的。父母是孩子的榜样，但他学着父母的样子去买东西时，就会学会合理消费的本领。

告诉孩子，钱从哪里来

远航的父母是做生意的，由于平时经常和钱接触，所以一直很注重对远航的财商教育。在他们看来，要想让孩子懂得合理地用钱，首先要让他们明白金钱是从哪里来的。因此，远航的父母给他写了一个金钱“三要素”：

钱的第一个来源——劳动换来钱

对于所有的家长来说，只有付出劳动才能换取金钱。可是很多孩子都没有意识到这点，以为父母给的零花钱都是很轻易得到的。唯有让他们了解所有的人都在不同的工作岗位上努力工作，来满足日常生活中的各种需求。

因此，远航的父母平时就很注意引导他来参加一些家庭劳动。比如说拖地、洗袜子、倒垃圾等一些家务劳动，同时给他相应的报酬。通过参加这样的劳动，远航渐渐明白了工作的价值，知道了付出劳动才可以获取回报。

钱的第二个来源——钱是投资生意得来的

远航的父母从事通信行业，在远航过星期天的时候。有时也会把他领到办公室去，有一天，远航问妈妈：“妈妈，你也在这上班吗，那谁是这里的经理啊？”办公室另一个员工乐了，笑着对远航说：“你妈妈就是经理，我们都是给你妈妈打工的。”远航听了以后认真地说道：“长大后我也要当经理。”

几天后，妈妈就发现了远航和小朋友玩起了开公司的游戏，每个人还都有分工，有经理、副经理、业务员、办公室文员这些角色。实际上，这些在平时父母就告诉给了他，大人的一言一行，都将会对孩子产生直接的影响。

看到远航对公司有了兴趣，妈妈又对远航说道："妈妈办公室里这些东西都是我们自己投资买的。我们给客户提供设备、提供服务，而他们会付给我们相应的报酬。"

钱的第三个来源——钱是储蓄得来的

储蓄最常见的一种理财方式，要想让孩子明白这点其实很容易。远航的父母在这点做得就很好，有时会把存折拿给远航看，告诉他把钱放在银行里，就会得到银行的利息。从数字上的变化，远航渐渐明白了钱生钱的道理。

对于孩子来说，他们平时比较关注父母给自己的钱是多少，至于钱从哪里来，他们也许只是直观地认为是从父母的口袋里来的，而至于父母口袋里的钱从哪里来，他们并没有认真地考虑过。

年幼的孩子没有经济来源，父母给予孩子的零花钱其实是一种亲情的表达，尽管名义不同，数量也不相同，但都代表了大人们对他们的爱。只有让他们明白这些钱的来之不易，他们才会明白应该如何节省地支配这些钱。同时，让他们明白了钱的来源，对他们进行自主理财也会是一个帮助。

由于孩子受年龄的限制，父母直接的表达往往会让孩子产生抵触的情绪。那么，父母应该怎样引导孩子呢？

1.用游戏来吸引孩子

孩子都喜欢游戏，这种方式的教育远比说教要更有效果。因此，父母可以在家里和孩子一起玩一些寓教于乐的小游戏。例如，父母可以找出家中没用的存折，让孩子把他的钱存在这个存折里，家长就是银行，孩子肯定会关注自己存折上钱的变化。我们可以设定一个增长幅度，让孩子看到自己的钱越变越多，自然也就明白了储蓄的意义。

2.让孩子明白银行的钱不是随便取的

孩子看到父母从银行里取钱，难免会以为银行里面的钱都是白拿的。这

样一来，他们就不会明白劳动换取金钱的不易，也就不更谈不上珍惜了。因此，父母一定要避免孩子陷入这个误区。比如，父母可以带孩子一起去银行办理业务，然后告诉孩子银行只是储存金钱的一个地方，自己的钱用完了，也就从里面取不出钱了。

3.让孩子明白银行卡里的钱也是有限的

为了更加方便快捷，很多父母会选择刷卡消费。看到这种现象，很多孩子会以为钱是从银行卡里出来的，想要多少就要多少。为了避免孩子的这种错误认知，我们就应该时常带着带孩子一起去银行还款，让孩子知道从卡里面刷了多少，就要付给银行多少，而且银行还会收取一定的费用。当他们熟悉了其中的各个环节后，就会对银行、银行卡、理财有一个更清晰的认识。

公开家庭账目，让孩子了解钱的来源

小兰是一名小学四年级的学生，由于是家里的独生女，父母从小对她极其宠爱，因此她从小就养成了一身“公主病”。在父母带她逛商场的时候，只要碰到她喜欢的，无论有多贵，她都会哭闹着让父母给买下来。如果此时父母给她讲赚钱多么辛苦，她不但听不进去，甚至会哭着说父母是不爱她才会不给她买的。

小兰的父母渐渐意识到，这样的孩子长大后，必然会面临着许多问题。可是，该怎样才能纠正孩子呢？于是，他们求助了专家。专家告诉他们，小兰并不是一个坏孩子，只是她不知道钱来得不容易，必须得让她知道，家庭的每份支出都是有规划的，不能因为她的随心所欲而打乱计划。

在专家的指导下，小兰的父母决定把家庭的财务公开。刚开始的时候，他们把一张财务表张贴在了自己的卧室里，坚持每天记录。在好奇心的驱使下，小兰开始去偷看，开始的时候她根本看不懂，可是小兰的父母也不给她解释。父母的这种做法，让小兰越来越对那张表充满了兴趣，于是开始注意家庭的开支情况。

渐渐地，小兰明白了财务表上那些数字的意义，例如12，就代表着今天的买菜钱；而210，就是给她的买鞋钱。她意识到了她所花的钱是家庭的主要开支，于是了解了父母的良苦用心，自己对理财也产生了兴趣。

我们都知道，家庭理财是经营家庭过程中的主要环节，而孩子又是家庭的主要成员，所以很有必要让他知道家庭的收支情况，从而明白理财的重要性。尤其是对于那些胡乱花钱的孩子，这样做更可以让他们知道父母赚钱的辛苦，进而珍惜父母给自己的每一分钱。

所以，越来越多的家庭，开始注意家庭账目的公开。这就是家庭民主的一种表现，可以培养孩子的“主人翁”意识，激发他们为家庭贡献一己之力的热情，增强家庭责任感。当他们懂得节约用钱的时候，父母可以在这时候给予他们适当的肯定，这样不仅让孩子有了成就感，也增进了父母与孩子之间的感情，让整个家庭氛围更加的和谐。

有的父母会说，孩子能够看懂这些复杂的账目表吗？的确，孩子受限于年龄和认知水平，并不能够完全看懂家庭账目上的那些收支情况，这时父母就应该运用一些浅显的语言表达出来。例如，当孩子要买一些不必要玩具的时候，可以告诉他说花的这些钱可以交多长时间的电费，或者买多少天的蔬菜等。让孩子切身感受到他所花的钱可以发挥更大的作用，他就能明白账目表究竟是做什么的。

当然，家庭账目的公开也是很有讲究的，一份好的家庭账目更能吸引孩子的眼球。那么，在家庭账目公开的时候应该做些什么呢？

1.巧制家庭账目表

首先，我们要制作一张简洁明了的报表，让孩子能够接受并且看得明白。例如，可以按照孩子喜欢的卡通人物设计表格，或者利用一些有趣的符号来代表数字，等等。这张表上要显示出一个大概的家庭收支情况，父母在

进行理财的时候，孩子也同步学到了知识。

2.公开家庭账目表

父母可以利用孩子的好奇心，引导他们去关注家庭账目表。当孩子去询问报表内容的时候，父母可以耐心地解释给他们，并且着重指出孩子的花费在家庭总消费中的比重，告诉他们合理理财的重要性。

例如，当孩子想要买一辆遥控赛车时，这时你不妨拿出家庭账目表对他说："上个星期你买的遥控飞机就已经花费了不少的钱，这个月咱们家的主要支出就是你的花费，况且那个遥控飞机没玩几次你就玩腻了，这样做是不是有点太浪费了。"孩子听了这样的话后，自然也就会能省则省了。

3.让孩子参与到家庭理财中来

孩子作为家庭的一员，应该让他学着参与到家庭理财中来。在一些家庭财务的问题上，父母应鼓励孩子提出一些自己的建议，对于那些合理的建议可以积极采用，一些不当的地方父母也可以加以纠正，这既是对孩子的一种尊重和鼓励，也提高了孩子统筹安排的能力。就像孩子在父母买车时，当他说出"咱们其实不用买那么贵的，那些稍微便宜点的功能和这个也差不多，节省下来的钱我们还可以办更多的事。"之类的意见时，我们不仅不能冷落孩子，反而应当对他这样的行为大加鼓励！

告诉孩子，金钱来之不易

玲玲的爸爸在一家机械厂上班，妈妈是一名纺织厂的工人。虽然两人挣的钱不是很多，但是对于玲玲的要求，两人总是竭力满足。

有一天，玲玲的同桌菲菲拿着一个MP4来到了学校，菲菲告诉她这是她妈妈送给自己的生日礼物。看着菲菲听音乐时陶醉的表情，玲玲羡慕极了。回到家后，玲玲要求妈妈也给自己买一个，可是一个MP4需要500元，而且还不是一件必需品，玲玲的妈妈觉得并不需要买。

不过，妈妈并没有直接拒绝玲玲。她让丈夫带着女儿来到了自己打工的工厂。当玲玲看到妈妈辛苦工作的场景时，看到妈妈一天没有休息只赚到几十元时，看到妈妈中午的饭菜几乎没有什么肉时，她突然感觉到，自己的行为似乎非常不妥当。顿时，她的泪水险些落下。

看到玲玲面露惭愧，爸爸说道："你看妈妈这么辛苦地工作，一个月才挣1000元，可是你为了一时喜欢张口就要500元，妈妈半个月的工资就没有了。妈妈要干多少活才能让你买一部MP4啊？你觉得自己这样做对吗？"

"爸爸，我知道自己错了，我以后不会和同学攀比了。"懂事的玲玲抽噎着说道。

只有让孩子意识到金钱的来之不易，他们才会懂得珍惜每一分钱。玲玲之前只顾着一味地向父母索取，是因为她并不知道父母赚钱的辛苦。而在看到妈妈辛苦工作的场景时，她才意识到自己的自私，相信她以后也不会随意乱花钱了。

太多的孩子，都会像玲玲这样。他们还不能自己赚钱养活自己，所有的消费支出都得靠父母，一旦养成乱花钱的习惯，就很容易让他们树立错误的

金钱观念。只有让他们了解金钱的来之不易，他们才会体谅父母的辛苦。所以，对于那些习惯大手大脚的孩子，我们必须让他明白金钱来之不易。

正是因为金钱不是信手拈来的，所以我们才要进行合理的规划，让孩子从小养成节约的好习惯，减少一些不必要的开支。例如，和孩子一起去餐馆吃饭的时候，让孩子自己估算需要吃多少东西，点的菜是刚好够用，还是会产生浪费。在潜移默化中，孩子的心里就会对金钱有了进一步的认识。

下面的这些方法，可以有效地引导孩子认识到金钱的来之不易：

1.让孩子了解父母的工作

只有付出了劳动，才能获得相应的报酬。可是对于大多数孩子来说，父母的钱似乎是“不劳而获”的。爸爸妈妈每天会在一声道别之后去工作，在月底就会“轻松”地拿回一笔报酬。他们对这份报酬的关注点仅仅是在“钞票”层面，很多孩子都忽略了爸爸妈妈在这个过程中付出的辛勤劳动。

所以，在条件允许的情况下，父母可以让孩子亲身体验一下自己的工作，只有经过这样的实践，孩子才会更加珍惜劳动的果实。即使父母的工作孩子不适合亲自参与，也应该让他在旁边仔细观察。我们不妨鼓励孩子自己写日记，让他记录下观察父母工作时的感受，这样就能强化他的意识。

2.和孩子一起体验节约的魅力

随着生活条件的越来越好，如今很多孩子都没有节约的意识。而父母单纯的说教比较乏味，更加会非让他们感到厌倦。这个时候，父母可以改变方式来给孩子讲节约。例如，在餐馆吃剩下的饭可以打包回去，在吃那些打包回来的饭菜时，父母可以告诉孩子这次就餐节省了多少支出，孩子也会记住这次有意思的就餐经历。

3.让体力工作者给孩子上一课

体力工作者的生活大多是很辛苦的，父母不妨去让孩子去观察一下他们的生活。当他们看到那些工人每天挥汗如雨才能得到报酬时，自然就能够体会到赚钱真的是一件非常辛苦的事情，也就能够体会赚钱的辛苦了。尤其当孩子能够和这些工作者进行语言上的交流时，那种心态会更加得到巩固。

4.正确的认识刷卡消费

对于现在流行的刷卡消费，很多孩子都不能能够正确地理解，他们觉得卡里面一定有用不完的金钱，因此他们花起钱来也是肆无忌惮。在这种情况下，父母的引导就显得非常重要。当孩子在想要父母刷卡的时候，父母可以耐心地告诉他们："刷卡的同时咱们的存款也会减少，而且银行并不是免费提供服务的，每年都会自动扣除一定的费用。"当给孩子解释完这些之后，他也就会珍惜卡里面的钱了。

理财必修课：生活中的必要支出

文瑞是一所名牌大学的毕业生，即将要走进社会，开始独立的生活。

有一天，文瑞的妈妈和她聊天，谈到了一个最基本的生活开支的问题。文瑞之前的所有花销都是父母负责的，而现在她马上就要独立生活了，妈妈问她对此是怎么规划的。要知道在刚开始工作的时候，薪水一定不高。

文瑞告诉妈妈试用期薪水是7000元。那么这7000元够用吗？

文瑞开始规划起来：3000元用于伙食和聚会，交通和话费的支出是1000元，2000元用于其他额外的消费，例如买衣服等等，剩下1000元存银行。如此看来，文瑞每个月还有盈余，她对此感到很满意。

可是妈妈马上提醒道："衣食住行是生活的基本需求，租房子的花费你怎么没有算上？"

文瑞经妈妈的提醒，让她意识到了自己忽略了这一方面。毕竟，自己已经走出了校门，未来要自己租房子，这份开支也是很大的一部分！

就像文瑞妈妈所说的那样，衣食住行方面的花费是生活中的必要支出。让孩子了解什么是生活必需的，不仅可以为他们以后自理生活提供帮助，对

孩子理财也是助益良多。

当然，生活中的必要支出还不仅仅是衣食住行这四个方面，人在社会中毕竟自己不是与世隔绝地活着，交际费用也是生活中一部分必要开支，另外还有医药费用、孝敬父母的支出，等等，只有让孩子切身体会到这些，他们才能更好地规划每一分钱。

我们之所以告诉孩子哪些是必需的，也是为了让他们知道必需以外的事物是"非需求"的。当他们想要买某样东西的时候，父母可以引导式地询问："这件东西真的是你必需的吗？如果没有的话，会不会影响你的正常生活？"通过这样的对话，必然能够让孩子去审视自己，进而避免了不必要的浪费。

具体而言，引导孩子了解生活中的必要支出有以下几种方法：

1.让孩子主动观察家里的必要支出

只有孩子主动地去观察，他才能够印象更深刻。所以在每个周末，父母不妨给孩子简单地讲一下这个星期家里面的支出情况。持续一段时间之后，他就会发现每星期都会有相同项目的支出，自然也就能了解到这是生活中的必要支出。尤其当家里进行大额支出时，我们更应该让孩子知道。

2.了解必要支出对生活的影响

了解一些必要支出对生活的影响也是非常重要的。例如，父母可以告诉孩子家里一个月内支出了多少水电费，然后和孩子一起假想万一没有为这些事物支付费用会是什么样的处境。这样一来，孩子对这些必要支出一定会牢记于心。

3.让孩子亲自去参与支出

根据孩子能力的大小，父母可以有选择地让孩子进行一些家庭必要支出，这样不仅可以让孩子意识到自己在家庭中的作用，而且还能够切身了解到理财的重要性。让我们来看这样一位家长的做法，这就很值得鼓励：

小芳的父亲经常带着小芳一起去交水电费，在长大一些之后，甚至还直接把钱交给她，安排她去银行缴纳。所以小芳对自己家里每月的水电费支出非常清楚，也渐渐地体会了生活的不易，因此她总是把自己的零花钱节省下来，用来帮家里缴付水电费。

4.和孩子一起分析理财小故事

对于孩子来说，理财从表面上看也许是一个很艰涩难懂的事情。父母在指导孩子理财的时候就更不能总是讲一些大道理，这样孩子既不会喜欢，又不会起到什么作用。因此教导的方式就显得非常重要。

就拿让孩子了解生活中的必要支出来说，父母可以经常给孩子讲一些理财小故事，让孩子了解哪些是必要的支出，继而指出故事里不合理的现象，从而加深孩子对必需支出的理解。父母还可以拿出自己家的家庭账目表，让孩子分析其中的有没有浪费的想象，引导孩子进行合理的理财。

让孩子明白：钱是私人的

在2008年汶川地震的时候，小月所在的学校组织了一次捐款活动，倡导全校师生依靠自己的力量来奉献爱心。

小月平时就是一个充满爱心的人，知道这个活动后，小月回家就开始数自己存钱罐里的零花钱，可是数了一遍发现只有几块钱。小月觉得自己的钱太微不足道了，决定去寻求父母的支持，当她把这件事告诉父母之后，父母毫不犹豫地给了她100元钱。

虽然小月在这次活动中捐了不少的钱，可她总觉得那不是自己的钱，而是父母在表达爱心，在她看来，只有捐出那些真正属于自己的钱，自己才真的算是为了灾区贡献了一份自己的力量。

父母在培养孩子财商的时候，只有我们告诉他们这种“主权”意识，他们才会设想和计划如何用“自己的钱”。也只有从小培养孩子对钱的态度，让他

们学会如何支配自己的钱,长大后才能够做好自己的财务规划。当孩子意识到钱是属于自己的时候,就会有一种维护它的天生责任感。明白钱的这种归属感,这是维护财富重要的一步。

有很多父母都不放心让孩子拥有钱的支配权,其实不然,给孩子一个拥有“自己的钱”的机会很重要,可以很好地锻炼一下他们的理财能力。如果只是让孩子觉得自己没有能力挣钱,所花的钱都是父母的,也会给他们的自尊心带来伤害。

小明和小红从小在一个院子里长大,有一次他们一起在院子里踢球。耍闹中,小明因为自己跑不过小红而生气地把皮球抱在自己怀里,气哼哼地说道:“这是我的球。”

恰巧此时,小明的妈妈正好下班回来路过这里。她笑着对小明说道:“我们都知道这个球是你的,但是你一个人玩球快乐吗?”

小明说:“当然不快乐……可这是我的球……”

小明的妈妈接着说道:“如果小红也有一个球,你们只是各自玩各自的东西,你们会玩得很开心吗?”

听了妈妈的一番解释之后,小明终于明白“快乐”并不是因为球的归属权是自己的,而是因为与别人分享的过程中得到了快乐。于是,他诚恳地向小红道了歉,两人又开心地在玩了起来。

在对孩子进行理财教育的时候,我们鼓励他们要有对钱的“主权”意识。但是我们很有必要把这种“主权”意识和“自私”的概念进行一下区分。就像我们事例中的小明一样,他对“球”的这种主权意识就是一种自私的表现。小红并没有破坏他的球,只是因为自己跑不过伙伴就生气了,这种态度是非常不好的。好在妈妈及时地劝导了小明,帮助他认识到了自己的错误。

对于孩子来说,钱是谁的是一件很重要的事情。父母千万不要以为孩子是心甘情愿地当无财产者,他们占有的欲望也是很大的,希望拥有物品的归属权。那么,父母应该怎么做这方面的工作呢?

1.让孩子知道钱是谁的

在日常生活中，父母一定要让孩子明白的钱的归属权问题，如果是属于他的，他就有权利支配。比如桌上放着一张钱，然后你问孩子，这钱是谁的，当他回答不知道的时候，父母可以在一旁鼓励他去求证这钱究竟是谁的。在这样的求证过程中，孩子渐渐就会明白钱不是自己的就无权去动用，就算是父母的也不可以。

2.让孩子体验到如何拥有“自己的钱”

孩子总是非常容易满足的，父母可以鼓励孩子通过自己的努力拥有“自己的钱”，比如利用星期天或者寒暑假来做一些力所能及的工作，既拿到了工作，又是一次有意义的社会实践活动。

对于那些没有工作能力的孩子来说，父母可以引导他们意识到存钱罐里的钱就是自己的，那是他们经过辛苦的努力存下来的，是他的“财产”。让孩子知道他不再是个没有财产的人，他也拥有一定的财富。

3.让孩子懂得“自己的钱”的重要性

我们之所以让孩子区分自己钱的主权，还是为了让他们能够学会合理地支配自己的钱。父母可以这样告诉孩子：“爸爸有爸爸的钱，妈妈有妈妈的钱，爸爸要动用妈妈的钱需要和母亲商量。因为“自己的钱”的支配权握在自己的手里，换句话说就是，只有自己的钱才可以自己做主。

适可而止地给钱，才能让孩子意识到“理财”

文文是重庆市某重点高中的一名学生。虽然她出身于一个贫困的家庭，可是学习成绩却一直非常优秀。

在文文5岁的时候，她得了急性肺炎，为了给她凑看病的钱，父母卖掉了外公外婆留下的房产，一家三口常年挤在一个不足三十平方米的小房子里。由于父亲在外面跑推销，经常不在家，为了帮妈妈减轻负担，文文6岁时就在巷口卖报纸。

到了填报高考志愿的时候，文文为了帮家里省钱，同时帮忙照顾母亲，想报考离家比较近的西南师范大学，可是父母却希望她能报考上海一所名牌大学经济系。由于那所大学的学费非常昂贵，文文没有答应。这时候父母告诉她说，如果她能够报考那所大学的话，就奖给她一部新手机，并且在暑假的时候去外地旅游。

文文知道自己的家庭情况，因此她对父母的许诺半信半疑，这时候父母才不得不告诉她，家里边的经济情况已经有所改善，为了培养她勤俭节约的好习惯，才一直没有告诉她。

俗语说：再穷不能穷孩子，从这个故事中我们可以看到文文父母的良苦用心。钱不是万能的，所以父母对孩子的教育不能光考虑用钱来解决，也不能够因为自己家里不缺钱就让让孩子随意乱花，一定要适可而止。

按照常人的观点，富人家的孩子有着更深厚的财源、更广泛的人脉，因此取得成功的几率很大，然而事实却并非如此。那些“富二代”的父母们整天忙于事业，很少与孩子进行交流，他们唯一能保证的，就是给孩子买一切他们想要的东西。在这种教育方式之下，孩子根本不能够正确地看待金钱，也就更谈不上勤俭节约了。

我们再来反观一下那些穷人家的孩子。由于家境贫寒，父母忙于生计，他们凡事都亲力亲为，花钱也要精打细算，甚至需要通过勤工俭学来贴补家用，正是这样，他们大多都养成了勤俭节约的好习惯，也就更容易取得成功。

由此可见，父母盲目地给孩子钱是非常错误的一种做法，会让孩子们以为父母给自己钱是理所当然的。这样无论给孩子多少钱，都无法起到应有的作用，甚至会有相反的效果。其实父母这样没有节制的给钱，也是现在的孩子理财能力普遍差的根源之一。

那么，到底应该如何给孩子钱呢?美国富豪科鲁奇管理子女的故事也许会给我们一点启示。

虽然科鲁奇拥有几十亿的资产，可是他在给子女零花钱时却必须约法三章:每个孩子都要有自己的账本，要记下每一笔钱的用途，在领取零花钱的时候，大人要查看账本。如果账实相符、而且每笔钱都花到了有用的地方，则可以得到更多的零花钱，否则就要相应削减。就是通过这个办法，科鲁奇的子孙们从小就养成了勤俭节约的好习惯，一个个都成了理财高手。

要想更好地让孩子学会理财，父母也应该学几招:

1.给的零花钱一定要适量

有很多父母对孩子的零花钱并没有严格的限定，随要随给，这样一来，孩子花钱来也是没有节制。因此，父母一定要规定孩子零花钱的数目。你可以明确地告诉他一个月会给他多少钱，有了限制，他也就不会大手大脚了。

2.父母要学会说“不”

对于孩子那些不合理的要求，父母要学会说“不”。比如当孩子要求增加零花钱的时候，父母可以这样对他说:“这个星期给你的钱都是我算好的，完全能够满足你的基本需求。如果不够花的话，肯定是你什么地方多花了，以后注意一点肯定会够用的。”这样，孩子花起钱来也就不会那么随心所欲了。

不懂理财，孩子永远是“孩子”

约翰·富勒是一名美国商人，在他小的时候，家中有7个兄弟姐妹，生活过得十分清苦。为了补贴家用，他从5岁开始工作，9岁时就会卖点小东西贴补家用。

约翰·富勒的母亲非常了不起，她经常语重心长地对儿子说：“贫穷不是上帝的旨意，我们不能因此而整天发牢骚，我们现在之所以这么穷，那是因为你爸爸从未有过改变贫穷的欲望，我们家里的每个人都没有远大的抱负。”

母亲的这些话深深地印在了富勒的脑海里，他一心想要改变家里贫穷的状况，于是开始努力追求财富。12年后，富勒收购了一家被拍卖的公司，之后又陆续收购了7家公司。

在别人问他成功的秘诀时，富勒总是引用他母亲的话说：“只要有成功的欲望，每个人都有可能会成功。虽然我不是富人的后代，但我可以成为富人的祖先。”

正是因为富勒的母亲从小就注重对孩子的财商教育，才为富勒以后的辉煌提供了一个坚实的基础。对于所有的父母来说，要想让孩子成功，并不是要努力地帮他们积累财富，而是让孩子有理财的意识和头脑。那些成为“啃老族”的孩子不可能取得大的成就。

很多的中国父母都有一个共同的烦恼：一方面，为了给孩子提供舒适的成长环境而辛苦地工作、省吃俭用，想方设法地挣钱、攒钱；另一方面，孩子花钱的速度几乎赶上了父母挣钱的速度。结果，孩子的生活得很好，而父母却还过着辛辛苦苦的日子。甚至，有些父母还没摆脱“房奴”、“车奴”，就又成了“孩奴”。

父母作为孩子一生当中最无私付出的老师，他们总是一味地为孩子安排好一切，殊不知，这样只会让孩子丧失“自立”的能力，一旦离开父母的庇护，他们根本没办法在社会上立足。同时，很多父母将焦点太过集中于“情商”和“智商”之上，反对孩子去接触和钱有关的事情。于是乎，父母就像是孩子的“财务部长”、“后勤部长”，有什么需要只要说一声就可以了。孩子觉得爸爸妈妈给他们任何东西都是理所当然的，自然也就体会不到钱的来之不易，更别说节约用钱了。

美国前总统布什曾说：“理财教育让人们得到自信和能力，帮助人们实现梦想。”在对孩子进行理财教育的同时，孩子的个人能力也得到了提升。如果家长从小就注重培养孩子的财商，将会为孩子未来的路奠定坚实的基础。下面的几条建议，也许可以为父母提高孩子财商提供一些参考。

1.父母做好榜样

父母要想引导孩子学习理财，自己首先要做好榜样。如果父母在平时就不知道节俭，花钱大手大脚的，孩子必然也会受到影响。

有一个孩子叫小忠，他的父母的做法就非常值得父母们去学习：他们平时就非常注意理财，每次购物回来，都会把花销记在家庭账本上，耳濡目染之下，小忠也渐渐养成了记账的习惯，把自己每一分的零花钱都计划得井井有条。由此可见，要想让孩子拥有高的财商，榜样的力量很重要。

2.让孩子多参加理财实践

对于孩子来说，只有亲身经历实践，才能切身感受到理财的好处。所以，父母平时可以引导孩子在力所能及的范围内做一些理财活动，比如让孩子学着管理家庭账本，让孩子清楚平时的家庭开销，这样，既提高了孩子财务规划的能力，又让孩子明白了哪些是生活中的必要支出，又让孩子明白了金钱的来之不易。

与此同时，我们也不妨鼓励孩子去竞选学校里的生活委员。因为生活委员平常会负责班级各种东西的购买，这会促进他的理财能力进一步得到提升。

3.关注孩子平时的消费行为

很多父母由于工作忙而忽略了对孩子的管理，一旦孩子养成一些不好的习惯，想纠正过来就比较难了，对于孩子的财商教育来说，这一点也是不可忽略的。父母平时一定要注意孩子的消费行为，一旦出现攀比心理或者胡乱花钱的现象就要及时制止。比如，当孩子出现零花钱超支的情况时，父母一定要仔细询问，了解孩子把钱花到了哪里，对于那些不合理的消费，父母一定要指出来。

孩子的理财课，千万别极端

小明是小学五年级的一名学生，学习成绩非常优异。他的父母每个月固定给他 100 元的零花钱，供他乘车、买水等零用。正常情况下，这么多钱正好能够满足他的日常需求，但有时要买一些玩具之类的东西，他的零用钱也就不够花了。为了增加自己的零用钱，小明找到了一条“勤工俭学”之路：让同学抄自己的作业，每科 5 元，然后获取相应的报酬。

成绩优异的小明写作业非常快，每天最后一节课结束，就有学习不好的同学找他抄作业。遇到周末，老师留的作业比较多，他就会适时抬高价格。尽管如此，他仍然是生意兴隆。尝到赚钱的“甜头”后，小明又与几个成绩不好的男生达成了协议：考试时传一次纸条付款 10 元。

小明的班主任后来发现了这件事情，批评他不该用这种不正当的方式在同学身上赚钱，可是小明对老师的话却不屑一顾，而且满不在乎地对老师说道：“现在都在提倡勤工俭学，我这也是呀！再说了，我爸爸妈妈说了，这是理财的学习，我是通过自己的劳动获得的！”

像小明这样的孩子现在有很多，由于过度地对金钱依赖，以至于连价值观都发生了扭曲。此时，父母就应当伸出援助之手，帮助孩子走出认知误区。

对于孩子来说，早期的金钱教育有助于形成良好的理财习惯。然而，很多父母在对待金钱的问题上，产生了两个极端错误的观念：一种是在孩子面前过分拔高钱的价值，造成孩子认为干什么都需要钱，随便做点什么事都想要得到报酬，帮家长做点家务就要钱，帮同学做点事情也要钱，更有甚者，还会利用金钱来找关系，就像案例中的小明，通过一些不正确的途径来赚取零花钱，这反而并不利于他的成长。长大后，他无论做什么事情的出发点就是“钱”，这样他怎么可能获得真诚的友谊和充满感情的爱情？

物极必反。第一种错误的理财观点是太过看重钱，而第二种错误观点则是在孩子面前尽量避免谈钱，结果造成孩子对金钱一无所知，甚至还让孩子产生一种恐惧心理，从下面的这个案例我们就可以看出这点。

仔仔的父母是一对商人，看惯了商场上尔虞我诈的他们，深感金钱的罪恶。为了让仔仔远离金钱，在仔仔很小的时候，父母就把他送到爷爷家，每月给其足够的生活费用。

爷爷非常疼爱仔仔，只要是仔仔看中的东西，爷爷都会毫不犹豫地买给他，仔仔就是在这样的环境中一天天长大。

有一天，仔仔看到别的小朋友正在玩机器猫，他特别喜欢，于是直接就跟人家要。人家当然不给他，那个小朋友理直气壮地对仔仔说道：“这是我爸爸妈妈花很多钱给我买的，让你爸爸妈妈也给你买。”

在这之前，仔仔从来没听过“钱”这个词，于是问道：“钱是什么东西啊？”

“连钱是什么都不知道，真是一个大傻瓜！”周围的小朋友都笑了起来。

在发生这件事情之后，只要一说到与金钱有关的事物，仔仔就会想起小朋友的嘲笑声，所以他对金钱一直很恐惧，甚至惧怕听到“钱”这个字。

仔仔的父母认为“金钱是万恶之源”，所以一味地让仔仔尽量回避金钱。但他们不知道，人们的生活是不能离开金钱的，只要父母帮助孩子正确的看待金钱，树立正确的金钱价值观，也就不必担心孩子因此而堕落了。

我们所提到的这两种错误的观念都不利于孩子正确地看待金钱，过度地强调金钱会让孩子认为金钱就是万能的，可以达到他的任何目的；如果不

让孩子认识金钱的话，不仅会使你的孩子不知道玩具、零食是通过什么途径得到的，而且也会让他们以为这些东西是可以随便拿的。

那么，父母应该怎么帮助孩子正确地对待金钱呢？

1.讲明金钱与亲情的关系

给孩子买东西通常是父母表达对孩子感情的方式。在这个时候，父母可以告诉孩子："爸爸妈妈之所以给你买玩具，是因为爸爸妈妈爱你。当孩子对金钱有了基本的认识后，父母就应该有意识地跟他们谈论一下关于钱的话题。

2.在一言一行中言传身教

孩子的洞察力是很强的，当你给孩子买冰淇淋的时候，应该告诉他花费了多少钱。可以通过这样的小事情让他们慢慢地理解金钱的概念。刚开始的时候他们可能不太明白，不过慢慢地就能明白金钱与物品之间的等价交换关系了。这一点是理财的关键所在：只有懂得金钱究竟是干什么的，孩子才能拥有一个高财商。

3.劳动并非都是有偿的

当孩子帮你打扫卫生的时候，父母可以告诉他，他帮忙做家务并不是为了得到金钱的报酬，而是出于对爸爸妈妈的爱；作为家庭的一员，他也有义务这么做。正是通过这些小事让你的孩子明白虽然劳动可以获取金钱，但并不是任何劳动都要去换取金钱。让孩子懂得劳动的真实含义，他才不整天总是想着"钱钱钱"。

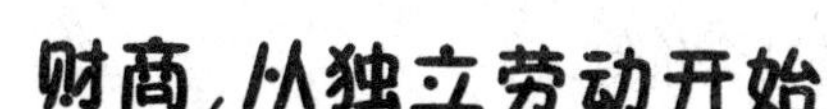

财商，从独立劳动开始

5岁的小雅聪明好学，又懂礼貌，深得老师和父母的喜爱。但这个小姑娘有一个坏毛病：无论什么事情都要妈妈代劳，自己从来不动手去做。

早晨，被妈妈叫醒的小雅仍懒洋洋地躺在床上，等着妈妈为她穿衣服，接着，刷牙和洗脸也要妈妈在一旁帮忙。到了晚上，妈妈要帮她铺好床铺，洗好脚，她才肯上床睡觉。本来妈妈上班已经够累的了，回家还要伺候她，所以，这位妈妈是非常地辛苦。可小雅根本就体会不到妈妈的辛苦。

这个周末，小雅和妈妈一起到公园玩，小雅玩得很累，就和妈妈说："妈妈，你帮我买瓶矿泉水吧，要凉的！"

妈妈说："为什么你自己不去呢？宝贝，这么小的事情，你自己就可以做到的！"

这时候，小雅大声地嚷道："不嘛，我好累，妈妈去，妈妈去！"

妈妈有些生气，说道："那你以后怎么挣钱，什么都要靠妈妈来做吗？"

小雅说："当然呀！妈妈劳动赚钱给我花！我就是这么想的！"

小雅的话，让妈妈顿时愣住了。

在现实生活中，类似小雅的现象很普遍，虽然父母为孩子的成长付出了很大的努力，但却在无形中剥夺了孩子劳动的权利，使孩子的生存能力低下，并且在孩子心中播下了"不劳而获"的种子。

所有的父母，都渴望自己的孩子将来能成才，能自立于社会。但要成为对社会有用的人，就离不开劳动，就要从心底里尊重劳动。

提升财商，提升内心的充实感，就要从独立劳动开始。这一点，西方研究机构早已得出结论。美国哈佛大学经过四十多年的研究发现：适量劳动可使

孩子快乐。那些童年时参加过劳动，甚至做过简单家务劳动的人，要比那些小时候不做事的人生活得更愉快。并且，他们在成年后，也比那些不劳动的孩子能更加适应社会，赚到更多的钱。因为孩子在劳动中，不仅获得了才干，而且会意识到自己的社会价值。

所以，对于我们习惯溺爱的中国父母来说，过去的教育方式真的要改一改了。父母们忽视孩子的劳动教育，不重视孩子劳动习惯的培养，使孩子的生活自立能力降低，自己的事情不会做或不愿做，这样的孩子不要说赚钱，就是在社会上独立生存都是问题。

当然，要求孩子进行独立劳动，这也是要讲究方式方法的。以下几方面，都可以培养孩子的劳动习惯：

1.培养孩子的劳动观念

无论何时，父母都要给孩子灌输这样的理念：劳动是伟大而光荣的。在孩子做家务的过程中，父母不仅要教孩子掌握一些简单的劳动技能，养成劳动习惯，还要培养孩子的责任心和义务感。例如，父母可以告诉孩子："给小树浇水的目的，就是为了让它能够茁壮成长。要知道，人类没有了树，就没有了氧气，那么也就无法生存。所以，我们要承担给小树浇水的义务！"

除了语言上的灌输，一些歌颂劳动的电影、电视剧，我们也应当和孩子一起观看。在这个过程中，他同样会对劳动产生积极的认识。

2.让孩子做力所能及的家务劳动

对孩子进行劳动教育，不但要鼓励支持孩子参加学校、社会公益劳动，还要让孩子承担必须完成的家务劳动。父母要根据孩子的年龄，给孩子分配一些力所能及的家务，比如穿衣、洗脸、洗手帕等，都应该让孩子学着自己做。

需要注意的是，父母在给孩子分配家务时，要注意孩子的安全，同时不要让孩子劳动太久，以免孩子产生厌烦和畏惧家务劳动的心理。还有那些难度过大的劳动，例如爬在高处擦玻璃、进到下水道疏通水管之类的事情，就不要让孩子参加。

3.适时地表扬和鼓励孩子

一旦孩子养成独立劳动的习惯，父母就要第一时间做出肯定，表扬孩子的劳动行为，从而保护孩子的劳动积极性。父母不妨说："孩子你真棒！继续做下去吧，大家都在看你究竟还有多少潜力没有挖掘！"

当然，由于孩子能力有限，所以常常好心办坏事，但即便如此，父母也不要呵斥甚至嘲笑孩子，而是要告诉孩子如何做是正确的，对孩子循循善诱。就像对于刷碗不小心打破盘子的孩子，我们不妨这样说："没关系的，谁都有犯错的机会，只要下次注意就没有关系。那么，这次是为什么打碎盘子了呢？"当孩子回答出结果后，我们还要进一步鼓励他，"那么，我们下一次就不要再犯这样的错误啦！妈妈相信你能做好！"

归根到底，让孩子学会独立劳动，这对他的成长是有百利而无一害的。记住前苏联教育家苏霍姆林斯基的一段话吧："不要把孩子保护起来而不让他们劳动，也不要怕孩子的双手会磨出硬茧。要让孩子知道，面包来之不易。这种劳动对孩子来说是真正的欢乐。通过劳动，不仅可以认识世界，而且可以更好地了解自己。劳动是最关心、最忠诚的保姆，同时也是最细心、最严格的保姆。"

树立财富意识比拥有财富更重要

老摩根是美国著名的"大财阀"，当年靠卖鸡蛋和开杂货店起家。由于知道成功的不易，在经济条件改善以后，他对孩子的要求仍然非常严格，规定孩子每个月必须通过干家务来获得零花钱。

为了多得到一点钱，几个孩子都抢着干家务。托马斯的年龄是几个孩子中最小的，所以他老是抢不到活干，因为没有那么多钱，他反倒非常节省。老

摩根知道后，意味深长地对托马斯说：“不要一直想着去怎么节省，而应该想想怎么才能多干活多挣钱。”

在那之后，托马斯想了很多能干活的点子：去发报纸、收废品、卖饮料……通过自己的努力，托马斯手里的零花钱也渐渐多了起来。

长大以后，托马斯拥有了自己的公司，回想自己的童年时光，他十分感谢父亲对自己的财商教育。

老摩根教育孩子的方法是西方人崇尚的一种金钱观——“再富不能富孩子”。富翁们都意识到：让孩子拥有天生的金钱优越感对成长是有百害而无一利。所以，他们通常给孩子的都很少，并鼓励孩子自己去打工挣钱，从而让孩子明白金钱的获得并不是轻而易举的，只有自己付出努力，才能获得真正的财富。

有的时候我们会发现，即使再节俭省钱，手里的钱还是不多。导致这种结果的原因就是因为我们没有意识到开源比节流更重要，只有学会如何挣钱，才能拥有更多的财富。所以说，让孩子在头脑中树立财富意识非常重要。

一项研究调查表明，青少年每个月可以动用的金钱，100 元以下的占 36.5%，101 元至 200 元的占 22.1%，201 元至 400 元的占 19.2%，401 元至 600 元的占 12.9%，601 元以上的占 9.3%。青少年把零用钱主要花在了衣服鞋袜、休闲刊物、参考书，到西式快餐店消费以及看电影等。

后续的调查还显示，39.6%的青少年认为 “自己有很多用了不久便不再用的东西”。由此可见不少青少年在购买东西时，很可能是因为旁人的影响或只是被商品的外观所吸引，在冲动之下购买了商品，买回来后却发现并非自己所需要的而闲置一旁。这是很多孩子都存在的一种乱消费、高消费、理财能力差的问题。

综上所述，我们很有必要在青少年中开展理财教育，让他们树立财富意识。然而，大多数的中国家长便会感到困惑，我国传统的金钱观念是“君子喻以义，小人喻以利”的价值观，这也导致很多家长都不愿意在孩子面前谈钱。

对于美国家长来说，他们可没有“铜钱臭”的思想，他们鼓励孩子从小就通过正当的渠道去赚钱。美国每年大约有 300 万中小学生在外打工，他们有一句口头禅："要花钱打工去！"

国内外儿童教育专家一致认为：孩子越早接触钱，越会理财，长大后也就越会赚钱。而进入 21 世纪的孩子，更需要这种生存的基本素质——金钱观念和理财能力。那么，应该让孩子知道哪些财富理念呢？

1.让孩子树立赚钱观念

父母要让孩子从小就认识到，只有通过正当的手段去获取钱财，才是正确的做法；不择手段地获取不正当的利益是可耻的，会受到法律的制裁。父母可以让孩子先做一些家务，从而获得相应的报酬，培养理财观念，但同时还要避免孩子形成金钱至上的观点。

2.让孩子养成储蓄的好习惯

储蓄是我们最常用的理财手段，父母可以给孩子买一个储蓄罐，让孩子把平时省下的零花钱储蓄起来；或者和孩子一起去银行开一个储蓄账户，让孩子知道如何获得利息。

3.让孩子学会精打细算

虽然现在很多家庭的经济状况都比较好，但也要注意培养孩子勤俭节约的好品质。因此，父母可以给孩子制定一个消费计划并监督其严格执行，时间长了，孩子自然也就懂得应该如何节约了。

另外，父母还要让孩子认识到财富是人类劳动的结晶，它凝结着父母和广大劳动者的智慧、心血和汗水，所以对于孩子来说，一定要珍惜父母所给的零花钱。

4.不要盲目地追求财富

在我们追求财富的过程中，更重要的是可以获得积累了一些理财和分析判断的经验。我们要让孩子明白，拥有必要的财富是个人基本生活的保障，但财富不是人生的终极目标。父母可以给孩子讲一些媒体上所报道的因为钱而锒铛入狱的事例，让他明白什么样的钱可以挣，什么样的钱千万不能挣。

第二章 财富理念

教孩子正确地看待金钱

俗话说得好：金钱是一把双刃剑。想要将高财商给予孩子，我们就要让他树立正确的财富理念。对于这一点，父母尤其应当注意：我们不能给他灌输“金钱万能”的思想。拥有金钱本身是一件好事，但是倘若过分追求金钱而变得贪婪，以为拥有大量的财富便拥有了幸福，这只能让孩子走上穷途末路。所以，教育孩子正确地看待金钱，保持适当的距离，这才能让孩子对理财有一个更进一步的认识。

钱，真的是万能的吗

小良是一名典型的“富二代”，他的零用钱甚至比全班同学加起来的还要多。他经常会带“好友们”去主题公园、大型饭店、高档商场等地消费，小良一直觉得自己很受别人欢迎，身边总会围着一群的“朋友”。

有一天，小良的父亲看到小良和他的一群朋友在游戏厅玩。换游戏币的钱都是由小良出的，而且小良还以“孩子王”的身份在“关照小弟”，小良的父亲意识到了这个问题，决定和小良进行一次深入的谈话。

小良回家以后，父亲把他喊到了身边，开口问道：“近期跟你的朋友们相处得怎么样？”

“这还用说嘛，我让他们干什么他们就干什么，他们全都听我的！”小良骄傲地回答道。

“他们是在听你手中‘钱’的话，而不是听你的。”父亲提示道。

“这是什么意思，爸爸？”小良并不理解这有什么区别。

父亲拍着他的头说：“如果你身上没有那么多钱，他们就不会再这么围着你、听你的了，懂了吗？”

听了父亲的话，小良还是坚信他的“朋友”不会离开他。

父亲只好继续说：“那就让事实来证明吧。自明天起，我不再给你那么多零用钱，一周之后，事情自然就会见分晓。”

一周时间转瞬而过，结果理所当然如父亲所料。

“怎么会这样的，爸爸……”小良伤心地询问父亲。

“孩子，金钱买不到真正的友情，明白吗？当你身上有利可图时就围着你转，没了利用价值扭头就走的人，不算是朋友。”听了爸爸的话，小良点了点头。

小良在父亲的正确引导之下，明白了金钱不能够买来真正的友情。其实不止是友情，世间还有许多珍贵的东西都是金钱买不到的。“金钱万能论”是一个错误的观点，不管是父母还是孩子，都应该避免走入这个误区。就像小良的父亲一样，在孩子的金钱价值观出现偏差的时候，父母一定要从自己的一言一行中给孩子做好榜样，并且及时纠正孩子的错误观点。

那么，究竟应该如何教孩子正确看待金钱呢？

人们的生活离不开金钱，可是并不是一切东西都可以用钱来衡量价值。想让孩子避开“金钱万能论”这个人生最大的陷阱，其实很容易。当孩子对金钱渐渐产生意识的时候，对是非的认知也会随之而产生，身为家长，这时候不需要给他们讲一些大道理，可以让孩子自己去找寻真理，这样会比大人直接教的更深刻。

要想让孩子避免这种金钱万能论的观点，父母可以从以下几个方面做起：

1.肯定孩子对金钱重要性的认识

在教育孩子认识金钱的时候，父母们不可走向极端。不能因为金钱有其本身的局限性，就以偏概全地把金钱给否定掉，毕竟金钱在日常生活中有着不可替代的重要性。父母一定要让孩子理解：我们的生活离不开金钱，它可以满足我们的一些物质需求。

2.让孩子明白拥有金钱不等于拥有了一切

一定要让孩子明白，金钱固然很重要，但在这个世界上还有很多金钱无法到达的盲区。就算是亿万富翁，也没有办法做到高枕无忧，他们同样无法逃脱疾病的折磨，抵御不了各种天灾人祸。

对于那些富有的人来说，他们反而更难交到真心的朋友，心灵也会更加孤独。父母可以给孩子讲一下前面小良的例子，帮助孩子理解这一点。

3.走出品牌误区

现在有许多孩子都有品牌情结，当你的孩子羡慕有钱小朋友穿名牌衣服的时候，你可以对他说：“他的衣服看上去的确很漂亮，如果要你在能穿名牌衣服和有父母终日陪伴之间选择的话，你会选哪一个呢？”孩子理所当然

会选择父母，在这个时候你就可以耐心地对孩子解释道："虽然那些有钱的孩子吃得穿得都比较好，可是他们通常都缺乏父母的关爱，其实你要比他们幸福得多。"通过这样一个小场景，孩子自然而然就会明白，金钱并不是万能的。

4.辩论式引导

有时候强制性地纠正孩子的错误会让孩子很排斥，效果反而会适得其反。当孩子认为金钱万能的时候，你可以通过正反方辩论的方式，逐渐加以引导，让他自己说出那些金钱不能买到一切的例子，他原来的观点也就不攻自破了。

理解孩子的攀比

小辉和小丽是很好的朋友，在小辉生日那天，他邀请小丽去他家吃饭。小辉的父母，用一顿丰盛的西餐款待了小丽。

俗话说礼尚往来，小丽自然也要回请小辉。可是，这让小丽很犯愁，甚至有点害怕。因为自己家平时吃的东西就不是很好，一个月也就吃一两次肉，经常吃的也就是大锅菜，颜色黑黑的，和小辉家精美的食物相比，她家里的食物一点都不好看。于是，小丽也让妈妈准备西餐，还要准备精美的餐具，可是妈妈拒绝了小丽的要求。

"我不能因为你要请客就换掉餐具，我们一定要把钱花在有用的地方，如果小辉因为这就生你的气了，那么她就不是你的朋友！"妈妈严肃地对小丽说道。

到了小辉去她家吃饭的那天，小丽的心里一直忐忑不安，她想象着小辉告诉同学们她家拥挤寒酸，所有同学都嘲笑自己的情景。

在饭桌上，小丽的妈妈一边给小辉夹菜一边还说："孩子你太瘦了，多吃点菜。"小丽听了以后就更加无地自容了。但出乎意料的是，小辉吃完以后，居然又要了一碗，而且还说很好吃，小丽心里的一块石头这才落地。

在这顿饭之后，两人的友谊更加深刻了，小丽也变得自信起来，意识到原来自己的忧虑那么多余，妈妈的坦诚告诉小丽一个朴素而深刻的道理：贫穷并不可怕，可怕的是以贫穷为耻，精神上的富足比物质上的富足更重要。

从这个小故事中我们可以了解到，母亲的态度和作为深刻地影响着孩子。家庭经济不宽裕，没有必要为了面子而去竭力掩饰，只要真诚待客，展现家庭本来面目和处事方式，这种自然反而更容易让别人欣赏。

每一个父母，都渴望拥有一个真诚的孩子。然而，孩子毕竟是孩子，他们怎么可能懂得那么多的道理？在自尊心的驱使下，他们很容易产生一种攀比的心理，从而产生心理压力。如果这时候缺乏父母的引导，这种压力在长期累积下的爆发，很可能产生我们不可预估的后果。所以，为人父母者一定要注意引导孩子树立正确的价值观，让孩子学会客观地看待事物，包括对自己家庭实际情况的认识、接纳和控制，帮助孩子养成乐观、豁达的生活态度。

对于现在的大多数家长来说，对于孩子所提出的要求，家长们一般都是有求必应，甚至不惜花很多的钱给孩子买一些名牌商品，这样不仅加重了家长的负担，对培养孩子的财商也是非常不利的。一旦发现同学的东西比自己的好，就很容易产生一种攀比心理。

随着生活水平的提高，如果父母一味地用传统的方式，通过忆苦思甜的方式来改变孩子的消费方式是不现实的，因此父母在这方面一定要做好功课。孩子的生活条件越好，自信心也就越强，家长在要求孩子勤俭节约的同时，还要根据家庭的实际情况来引导孩子消费。

那么，父母应该究竟从哪几方面努力呢？

1.正视孩子的攀比心理

在发现孩子的攀比心理之后，父母不要把它当做"洪水猛兽"，而是要正确地看待孩子的这种心理。青春期的孩子叛逆性都很强，一旦引导错误，很

可能会使事情恶化。因此父母一定要仔细权衡利弊，改“堵”为“疏”，让自信成为孩子成长的阳光。我们不妨对他说：“孩子，你想和其他人比是正常心理，大人有时候也攀比呢！但是，我们不会只想着怎么得到，而是去想想为什么没有。如果我们知道了自己落后的地方在哪里，然后去努力做出改变，这是不是比单纯地买个东西去比要更棒？”相信，所有的孩子都会认同父母的观点的！

2.要想让孩子不攀比，首先家长不攀比

家长的一言一行都会对孩子产生影响，父母正确引导孩子的前提是先调整自己的心态，减少和杜绝不良心理对孩子的影响。对于没有经济基础的孩子来说，之所以会养成攀比心理，很大程度上是家长通过孩子来炫耀自己。看到父母大手大脚地消费时，孩子就会记在心上。孩子就像是家长的一面镜子，孩子的消费观直接反映家长的消费观，因此，要想让孩子不攀比，首先家长不攀比。

3.家长可引导孩子参与家庭理财

让孩子了解一下家庭的收支情况，也是杜绝孩子攀比心理的一种办法。每个月的家庭收入多少？支出多少？和孩子一起来记记账，其实这比父母直接告诉孩子家庭的经济状况要好得多。

另外，在让孩子参与理财的过程中，父母可以和孩子一起检查，了解一下哪些钱是多余的支出，哪些钱花得物有所值。长此以往，孩子就会明白哪些是必要的支出，进而帮助孩子设定储蓄目标，通过自己的努力来实现自己的愿望，从而巧妙地将攀比变成动力。

孩子越小，越要建立正确的金钱观

12 岁的小海是家里高高在上的独生子。他的爸爸是房地产开发商，积累了不少的财富。全家人都把小海当做小皇帝一样，不管小海对家人说想要做什么事情，都会在很短的时间内得到满足。尤其是小海的爷爷奶奶，对小海更是疼爱有加。奶奶曾经说："谁也不能委屈了我的宝贝孙子，要是小海咳嗽一声，你们必须都得感冒。"

小海的爸爸在商场上摸爬滚打好多年，他知道培养孩子健康人格的重要性：要想让孩子健康成长，一定要广交朋友。然而，由于小海的性格很任性，幼儿园的时候，很多小朋友都不愿意和他玩。等到小海进入小学以后，就更没有什么朋友了。他动不动就和同学吵架，动手打同学更是常有的事。

小海把这件事情告诉了奶奶，奶奶想了一下，说出了一个非常"棒"的主意，她让小海去上学的时候多带一点钱，课间的时候去小卖部买回很多的零食或者新奇的玩具。然后再把这些东西慷慨地送给同学。小海按照奶奶所说的做了，果然有很多同学都开始亲近小海了。以前他们玩游戏时根本不愿意让小海加入，可是现在很多人都会主动地拉着小海去玩，并且在游戏中，小海还享有很多特权。

回家以后，小海把这件事情告诉给了奶奶，奶奶得意洋洋地说："宝贝儿，看到了吧，这就是所谓的拿人手短，吃人嘴软，你为同学们付出了，他们当然要好好地回报你了。现在你不用担心你没朋友了吧。"

不久以后又发生了一件事情，这让小海变得再次失落起来。有一天，语文老师给大家布置了一个名为《我的朋友》的作文题目。小海听到题目以后一直在偷着乐，心想这次一定有很多人把他写进作文中了。可是，等到老师

讲评作文的时候，班里居然没有一个同学写他，这让他感到特别伤心难过。

小海把这种情况告诉了爸爸，爸爸听了以后，语重心长地对小海说：“儿子，你以为金钱能够收买友情吗？当你送给他们东西的时候；你并不是和善地对待他们，而他们碍于情面也不得不和你保持比较好的关系。你对他们并不是真诚以待，如果你能改变自己对待他们的态度，试着用一颗真诚的心与平和的态度与他们接触。肯定有很多同学愿意和你成为朋友。现在你应该知道了，金钱虽然有很多用处，但它并不是万能的，有很东西都是金钱所买不到的。”

听完爸爸的话之后，小海用力地点了点头。

小海的奶奶的方法，显然是一种错误的价值观。在生活中，虽然一些人拥有很多的财富，但是他们过得并不幸福。他们总以为金钱是万能的，可是到头来却发现自己最想要的是金钱所买不到的。

对于孩子来说，提高他们财商的前提就是要树立一个正确的金钱观。父母应该让孩子明白，金钱固然重要，可是还有很多事情比金钱还要重要。金钱万能论只能引导孩子走上歧途，那么父母应该怎么帮助孩子树立正确的金钱观呢？

1.告诉孩子哪些东西是钱换不来的

要想让孩子明白金钱不是万能的，就要告诉他们有哪些东西是金钱买不来的。父母可以从孩子身边的小事举例，比如孩子的成绩，还有真诚的友谊。只有经过自己的努力才可能会取得好的成绩，只有付出真心才能得到友谊，这不是用金钱就能买到的。这方面，有很多相关的儿童读物，父母不妨买给孩子看。

2.工作的意义不是为了钱

有很多孩子都会单纯地以为父母工作就是为了赚钱，父母还应该告诉孩子，除了金钱以外，我们还有更高层次的追求，比如自己的成就感自我价值的实现。父母可以这样给孩子说：“每个工作都有自己的意义，警察是为了社会的稳定，军人是为了国家的安全，法官是为了社会的公正，但从事这些职业除了会赚取一定的薪资以外,更重要的是可以服务大众。”

只有给孩子带来正面的影响,他才能建立健康的人格和财商。所以,我们不妨鼓励孩子参加一些公益活动,让他们亲身体验一下志愿者的工作,让他们明白:为什么大哥哥、大姐姐们努力地工作,却不是为了钱。

3.不要过分地看重金钱

父母可以告诉孩子,把金钱看得太重,往往会让我们失去一些重要的东西,如果一味追求金钱的满足感,反而会让我们丧失自我,对于孩子来说,我们鼓励他们正确地理财,但并不是要宣扬一种金钱至上的观点,父母在教育孩子的时候一定要注意这点。当然,这一点必须落在实际之上:家里在买东西时,不要总是想着名牌、价格,而是应当从实用性和物美价廉的角度入手。只有建立起积极的“潜移默化”渠道,孩子才能不过分地看重金钱。

让孩子正确面对金钱的诱惑

有一天,小路和妈妈走在回家的路上,路过了一家俄式面包店。妈妈买了四个面包,给了售货员50元钱。售货员本应该找回42块钱的,可是妈妈仔细一数,售货员多给了10元,于是毫不犹豫地把那多给的钱还给了售货员。

接到钱后,那个售货员很惊异,脸上的表情更多的是对小路妈妈的感激,就连其他的顾客都对小路和妈妈投来了敬佩的目光。售货员连声道谢,妈妈笑了笑,带着小路离开了。

小路把这一切看在眼里了,回到家里,他对妈妈说道:“妈妈您真傻。”

妈妈笑了笑,对儿子说:“拿了不该拿的钱就傻吗?不属于自己的东西,就算拿了心里也不会踏实的,你看售货员阿姨,那么辛苦,她多找给了我们钱,她这半天可就白忙乎了。难道,你愿意让阿姨被老板骂,甚至被开除吗?

也许，她需要这一份工作来养活家，养活和你一样大的孩子。再说，是我们自己赚的钱，花起来才心安理得。”

小路听了以后做出若有所思的样子，暗暗点了点头。

人生的旅途中本来就充满了各种各样的诱惑，如何战胜这些诱惑是任何人都要面临的问题。而金钱，是其中一个比较致命的诱惑。

要想让孩子健康成长，避免成为金钱的奴隶，我们就得让孩子从小学会正确面对金钱的诱惑，这样才能保证他们长大后也不会因为诱惑而误入歧途，也就有可能成为一个正直、坚强的人。当然，战胜金钱的诱惑需要很大的勇气，更需要坚定的决心，这个过程是很漫长的。

在对孩子进行理财教育的时候，我们一定要告诉孩子不能为了牟取金钱而不择手段，卑躬屈膝，辱没人格。人人都想要拥有更多的钱，切不可过分追求，就像对待自己的孩子，不可以过于溺爱以至于丧失了基本的原则。很多人为了钱财争得你死我活，可最终得到的只是凤毛麟角，只有凭自己的诚实劳动挣来的钱才花得心安理得。

1.教育孩子正确地面对诱惑

小简刚过6岁，平时还是很听话的。可最近发生的一件事情让他的父母很生气。他偷拿了家里的40元钱出去买零食。小简的父母知道孩子正处在价值观的塑造期，方法不当很容易让孩子产生反叛心理。于是父母并没有严厉地批评他，而是耐心的说服，告诉他这样做事不对的，只会帮助他养成坏的习惯。最后小简很诚恳地承认了自己的错误。

其实小简的故事并不是一个个案，在现实生活中，经常发生这样的事情。因为对孩子来说，金钱不仅可以买好多玩具，还可以买好多美味的零食。所以发生这样的事情也是情有可原的，最重要的是父母要及时的引导，告诉孩子要抵御这些诱惑。

2.还有比金钱更重要的东西

俗话说：“有钱能使鬼推磨”、“人为财死，鸟为食亡”……这些话，充分地说明了金钱的巨大能量。但尽管如此，还是有一些事情是不能靠金钱来解决的，比如说获得尊严、获得别人真诚的友谊等。要让孩子理解这一点，父母不妨给孩子讲一些名人典故来帮助孩子理解，比如可以这样说："视死如归、放声高唱《正气歌》的文天祥，他拒绝了高官厚禄的诱惑，选择了一身正气，历史上才多了一副'留取丹心照汗青'的民族脊梁；还有誓死不要美国救济粮的朱自清，他们都是我们学习的榜样。先辈如此，我们后辈岂能丢脸？"

通过这样的历史实例，可以帮助孩子更好地理解金钱并不是万能的，比金钱更宝贵的东西还有很多。

君子爱财取之有道：孩子从小的必修课

在美国的一座小城镇里，有这样一个家庭：父亲是银行的一名非常普通的职员，每月只有可怜巴巴的一点工资。即使在这样的条件下，他们还要节衣缩食，把一半的收入送给他们患病的叔叔。而母亲经常给儿子说的一句话就是："做人一定得有骨气，有了骨气就有了一笔无形的财富！"

有一天，一辆最新款的奔驰汽车出现在城镇里最大的百货商场里面，这辆车不是用来卖的，而是作为彩票中奖的奖品。一时间，这座城市没有了以往的宁静，取而代之的是人们的种种猜测，他们都好奇着将会是谁开走这辆车。

终于等到了开奖的那一天，当广播里喊出爸爸的名字时，他们一家简直不敢相信自己的耳朵。

可是在一阵惊喜之后，父亲的脸色又变得脸色凝重起来，孩子不明白为什么中奖了父亲这么不高兴，于是便询问母亲，母亲意味深长地说道："你父亲正在思索着一个有关道德的问题，我想不久之后就会有答案了。"

孩子听了母亲的回答后就更加不解了，他说道："妈妈，难道我们通过买

彩票中奖得来的汽车是不道德的吗?”

“可是这辆车应该是属于别人的。”母亲看着儿子认真地答道。

“这是怎么回事,广播里明明说的就是父亲的名字啊?你们为什么要这么说。”儿子怒气冲冲地嚷道。

看着恼羞成怒的孩子,母亲递给了他两张彩票,让他看看两张有什么差别。

孩子拿过去看了一下,一张彩票的号码是957,另一张彩票的号码是958,中奖的正是后者。孩子又仔细地观察了几遍,发现中奖的那张彩票上有一个用铅笔写的字母K。

“K代表的就是凯恩。”母亲说道。

“是父亲的那个领导吗?”儿子满脸狐疑地问道。

“没错,K代表的就是他。”母亲答道,接着她把事情的来龙去脉给儿子讲了一遍。原来这是凯恩让父亲帮忙买的,后来他就把这件事情给忘了。为了区别,爸爸就在彩票上标注了一下,但是他万万没有想到中奖的就是那张彩票。

听完母亲的讲述之后,孩子沉思了片刻,然后接着说:“凯恩家那么有钱,他们根本就不会在乎这一辆车的。”

“你父亲知道该怎么做。”母亲说道。

不久之后,父亲就领走了那辆汽车。到家之后.父亲拨通了凯恩家的电话,把这个消息告诉了对方。

没过多久,凯恩和妻子就来到了他们家,他们给父亲拿来了一盒香烟,然后就高兴地开着崭新的汽车走了。

通过自己勤奋的努力,这个孩子长大后拥有了自己的第一辆小汽车,而且成为了一名非常成功的商人。这时他才体会到母亲的话的真正含义。

每个人都有追求财富的欲望,但是人们不应该在这个过程中丧失自己的良知和正直。当人们面对金钱的诱惑时,如果能够坚定自己做人的原则,说不定还会观赏到另一番美景。

同样,当父母指导孩子理财的时候,这一点也是不能忽略的。让孩子明白什么是“君子爱财，取之有道”，培养孩子建立正确的世界观和价值观，可以帮助孩子更好地理财。

指导孩子用正确的方法来获取财富不是说说就可以的，那么，父母应该做些什么呢？以下几种方案，也许会提供一点帮助。

1.让孩子明白两种获取财富方式的不同之处

父母可以通过对比来让孩子明白这个道理。比如，可以告诉孩子，如果一个人是靠自己的劳动来获取金钱的话，那么，当他享用这些财富的时候，就会觉得很充实、很满足。可是如果一个人通过不正当的手段获取了大量财富，就像那些小偷一样，他就有可能整日提心吊胆，害怕东窗事发，他自己也就不会心安理得地享受那些财富。

2.让孩子恪守正确的求财之道

明白了两种求财方式的不同之处，接下来就要教孩子恪守正确的求财之道。告诉他们哪些钱可以赚，哪些不义之财是坚决不能碰的，让孩子学会理智的对待金钱的诱惑。例如父母可以给孩子讲一下那些因获取不义之财而锒铛入狱的实例，让他们明白那样做只能让自己得到一时的享受，最终将会得到法律的制裁，而且还会给自己的家庭带来不可磨灭的伤害。

孩子，你不是金钱的奴隶

马龙出生在一个并不富裕的家庭里，兄弟姐妹好几个。10岁那年，马龙的父亲不幸出了车祸，全家的重担都压在了母亲身上。马龙非常懂事，小小年纪就知道帮助妈妈分担家务。喂牛、做饭、照顾弟弟妹妹这些活他都干得很熟练。

上学以后，几个孩子的学费成了母亲最头疼的事情。看着妈妈愁眉不展

的样子,马龙决定自己来赚取学费,看到附近有一家垃圾回收站,马龙决定自己去捡垃圾来卖,一个假期下来,他不仅挣到了自己的学费,还贴补了家里一些。在这之后,马龙每年的学费基本上都是自己挣的。

长大以后,马龙回想起小时候过的苦日子,他发誓不会让自己的孩子再过和自己一样的生活,于是他总是卖力地工作,努力地挣钱,有一次,为了谈成一笔投资项目,获得丰厚的年终奖,他行贿了的相关的政府官员,最终锒铛入狱,失去了大好的前途。

有人说:这是一个缺乏信仰的时代,金钱已经完全渗透进生活的每一个细节。就像我们事例中的马龙一样,把自己的全部重心都放到了挣钱这上面,最终为此付出了沉重的代价。孩子也是一样,在他们看来,爸爸妈妈有了钱,就可以给自己买好玩的玩具,有了钱可以买漂亮的衣服,还可以去游乐场和外出旅游等。

在如今的社会,有些父母经常给孩子灌输了这样的教育理念——好好学习,长大后赚取更多的钱。于是在很多孩子的眼中,钱可以买到自己想要的一切。在这种思想的影响下,孩子心中就会有一种金钱万能的观点,把挣钱看做最重要的事情。

可是,现实生活并不是如此,有很多东西是我们没办法用金钱来买的。我们鼓励孩子提高理财能力,是为了让孩子能够正确地看待金钱,并不是让孩子成为金钱的奴隶。为了避免孩子进入这个误区,父母应该从何哪几方面做起呢?

1.父母的言传身教

父母无论在各个方面都应该成为孩子的导师,榜样的力量往往是非常重要的,在对孩子进行财商教育的时候,父母可以这样对孩子说:“你可以用金钱来购置一套豪华的别墅,但是却买不回一个家;你可以用金钱买来一个制作精良的闹钟,却无法买到流逝的青春;你可以用金钱买来一张舒适的床,却可能治不好你的失眠;你可以用金钱买来一套测试题,但是却买不回聪明的头脑;你可以用金钱买回给同学的生日礼物,但却买不到纯真的友谊;你可以用金钱买到完善的医疗服务,但却买不到健康的身体;你可以用金钱买到地位,但是却买不回人们发自内心的爱戴;你可以用金钱买到他人的服从,却难赢得别人的尊重。”

2.帮助孩子树立正确的金钱观念

在孩童时期,父母一定要帮助孩子树立正确的金钱观念。现在的孩子接触金钱的机会比较多,难免被社会上的一些不良现象所影响,因此在教育孩子财商的时候,父母一定要关注这一点,当孩子有了不正确的金钱观时,父母一定要多加以引导。

3.让孩子看看那些反例

也许,我们的说教有时候并不能取得积极的效果,这个时候,我们不妨利用反例让孩子明白金钱。就像巴克扎克的小说《欧也妮·葛朗台》,我们不妨读给孩子听。在这篇小说中,巴尔扎克先生塑造了一位让人生厌的守财奴葛朗台,他正是那种“金钱奴隶”的代表。通过这样的故事,孩子就会明白,做一个守财奴是最不幸的,成为金钱的奴隶是最让人鄙夷的!

孩子赚钱时必须拥有一个良好的心态

阿夏和小云在大学是很好的朋友,大学期间她们生活得十分惬意,每天都是容光焕发的。可是毕业以后,小云完全变了一个样。当她和阿夏一起出去玩的时候,总会时不时地冒出来一句:“赚钱,我要赚很多钱!”而且,她还会问小云有什么赚钱的好办法。

面对小云的变化,阿夏非常惊讶,她无论如何也想不通为什么小云会有如此大的改变。刚毕业怎么会对金钱有这么夸张的欲望呢?阿夏很担心小云。

紧接着,阿夏也开始寻找工作了,由于工作原因,她们不能像以前那样

经常结伴逛街了。阿夏对自己的工作还比较满意，虽然工资不多，但是养活自己已经绰绰有余了，更何况每个月她还能给父母寄回家一部分。阿夏开始一步一个脚印地走自己的路，过得很充实，也很开心。

当她在再看到小云的时候，她几乎不敢相信自己的眼睛。那次，她们相约去游玩，可是小云早已没有了大学时代的洒脱和不羁，看上去瘦了很多，更可怕的是她看上去非常憔悴，总是一副忧心忡忡的样子，这让阿夏非常心疼。当她们在长椅上并肩坐下的时候，小云开口说话了："哎呀，我最近的心情很不好，你告诉我究竟怎么样才能挣钱，怎样做才能快乐起来！"

后来，阿夏才知道小云总是想尽一切办法省钱，可是她又经常会因为冲动买一些高价的没有实用性的商品。出于对小云的考虑，阿夏把小云的近况告诉了小云的父母，两位老人赶紧来到了女儿工作的城市，看着面容憔悴的女儿，两位老人落下了眼泪。

妈妈对小云说道："孩子，毕竟你刚刚毕业，工资肯定不多，你又何必急于一时呢？只要你踏实勤奋，以后肯定会好起来的。再说了，世上的钱有那么多，你就是把自己累死也挣不完啊。要想赚钱就一定要有一个好的心态。你越是着急赚钱，反而更容易失去一些更重要的东西，你又怎么会快乐呢？"听了妈妈的话，小云终于忍不住落下泪来，心结也打开了。

几个月以后，阿夏又见到了小云，她的脸色看上去红润了不少，她对阿夏说道："自己已经不在意薪酬的问题了，而是抱着一个学习知识、积累经验的态度忙着日常的工作，不但掌握了很多知识，还发现了很多曾经被忽视的风景。

一个人的心态对人的影响是非常大的，很多成功人士毫不例外都拥有一个良好的心态。

就算是遭遇了挫折，也能很快地进行自我调节；我们再来反观那些整天自怨自艾的人，整天被一种不乐观的情绪所困扰，即使机会摆在他们面前，他们也不会发现。

心态的好坏对于赚钱来说也有很大的影响。在鼓励孩子赚钱的时候，父母应该注意培养孩子良好的心态，切记不能急功近利，否则，长大后的孩子很有可能像上文中提到的小云一样，在追求财富的道路上走进误区，让自己痛苦不堪。

那么，父母应该如何引导孩子拥有一个良好的赚钱心态？下面的几点建议，也许会给你带来很大的帮助。

1.让孩子勇敢地和挫折作斗争

我们经常会听到一些类似万事如意、事事顺心、一帆风顺的祝福语，但是不论如何，这只是人们的一个美好的愿望而已，我们的人生旅途从来都不是一路顺风的。父母要让孩子明白，不能因为在赚钱的道路上遭遇到一些委屈就轻易地放弃。父母可以这样告诉孩子："人生路上难免会有绊脚石，我们没有办法逃避，只能笑着搬开它，然后继续前进。我们追求财富的道路也是如此，只有拥有那种不怕挫折的勇气和毅力，我们才可能赚取更多的财富。"

2.让孩子正视贫穷

《简·爱》里面有这样一句话："你以为我贫穷、瘦弱、丑陋，我就没有灵魂吗？"这句话鼓舞了许多贫穷的人。在对孩子进行理财教育的时候，父母要让孩子明白，一个人贫穷并不可怕，可以通过自己的努力来获取财富。所以，那些家境不是很富有的孩子不应该因此而妄自菲薄，丧失自己的灵魂和尊严。

3.让孩子明白不能因有钱而傲慢

父母应该让孩子明白，不能因为自己有钱就变得傲慢，看不起那些没有自己条件好的人，那样只能会让别人感到厌恶。而且还会在无形之中丢失很多朋友，要知道朋友也是我们的一种财富。

4.不要让金钱左右孩子的情绪

钱乃身外之物，父母一定要让孩子明白这一点。不管到什么时候都应该保持一颗平常心。得意之时不可忘形，要防止乐极生悲；失落之时也要学会满足；即使亏损了也可以仔细分析自己的行为，弥补自己的不足之处。所以不管到什么时候，快乐对人很重要。

没钱的日子,孩子要早体会

很多父母,曾经都有过这样的日子:早上起来,抓起馒头啃两口就赶紧上学;中午没有钱买饭吃,干脆对着自来水管灌个水饱……说起这些,父母们的眼里一定噙满了泪水。正是因为过去那种捉襟见肘的日子记忆犹新,所以,他们不愿意自己的孩子再受苦了;所以,他们把孩子重重地保护起来,远离磨难,远离没钱花的日子。

在这样的呵护下,父母曾经经历的磨难,他们无从体会。所以,他们根本就不知道没钱花是个什么概念,因为孩子手中永远有花不完的零花钱。这样,孩子就产生了一种错觉:钱来得很容易,父母挣的钱就是给自己花的。

这样的孩子,现实中是少数吗?

在商场中,有位妈妈忙着给女儿买的文具付账,在清单上,显示着令人惊讶的数字:书包160元,文具盒88元,卡通铅笔22元,自动转笔刀55元……这位妈妈虽然苦口婆心地劝说女儿买文具要实用,不要光看外表,但女儿就是不听,坚持要买,根本就不管文具的价格。妈妈只好无奈地摇头。

离开商场时,女儿对妈妈说道:“妈妈,你不要那么小气,我是在买学习用具,又不是买别的。再说,妈妈挣那么多钱,不给我花,留着干什么呀。”

“爸爸妈妈的钱,就应该给我花,这是天经地义的事情!”相信无数孩子的心里,都会如此说道。

而当听到孩子这样说时,绝大多数的父母,也会表示赞同。毕竟,自己辛苦这么些年是为了什么?就是为了不让孩子再过自己当年的生活!所以,在父母的娇惯下,孩子们根本就不知道没钱花的滋味,更没有吃过什么苦。如果让安逸惯了的孩子突然去面对现实,经历苦难,他们能承受得了吗?所以,家长在孩子还小时，最好让孩子尝尝没钱花的滋味。

父母们想想看，自己小时候是怎么度过的？是不是放学回家，还要帮着家里做家务、做农活？然而据调查，目前城市里的小学生、初中生、高中生很少能主动替家长分担家务活，洗衣服、刷碗之类的事情，这些似乎与他们不相干，父母为生活奔波所付出的艰辛，孩子们也很少能够体谅。

有的父母会说："孩子还小，所以有点不懂事。如果再大一点，成了一名中学生，自然就会好很多！"可是，真的是这样吗？

小强是一个初二的学生，家庭条件非常富裕。从小，他就没为钱发过愁。上小学时，他的兜里就经常揣着几百块钱，赶上自己过生日，还请同学到饭店吃一顿。

在同学的带领下，小强走进了网吧。从此，他被五光十色的网络世界吸引了，越来越厌恶学习。为了聊天，打游戏，他索性逃学。父母发现后棍棒相加，并断了小强的经济来源。

可是，小强并不甘心，甚至将父母的钱偷了出来，依旧混迹于网吧之中。妈妈哭着求他，可他一脸的冷漠。为了挽救儿子，妈妈暂时把生意撂下，每天儿子放学她到学校去接，晚上陪着学习。为了让孩子高兴起来，她又开始给小强零花钱。

尽管对小强百般呵护，可小强依旧如此，总是不愿从网吧出来。听母亲的训斥多了，他也不愿意再和母亲说一句话，总是投去怨恨的目光。妈妈不知道自己做错了什么，更不知道究竟怎样做孩子才能理解她的一片苦心。

小强之所以出现这种情况，和父母的教育有着直接的关系，正是因为父母曾经不注意零花钱的给予，导致了孩子养成花钱大手大脚的习惯，当父母想改变孩子的恶习时，棍棒相加，自然会适得其反。习惯的养成不是一朝一夕的事情，想要改变孩子的习惯需要父母耐心的长时间的教育。

当然，亡羊补牢，为时不晚。只要妈妈能够找到有效的方法，那么就会扭转小强的恶习，当然，更重要的，则是未雨绸缪，让孩子从小就体会没钱花的日子。不仅要限制零花钱，我们还要鼓励他去劳动，用自己辛勤的手去赚钱，

掌握养活自己的本领,这样他才会更幸福。

总之,父母不要有这样的想法:曾经的我感受过贫困,那种滋味不好受,所以,我绝不能再让我的孩子贫困!要知道,贫穷和富裕是把“双刃剑”,贫穷能剥夺人享受的机会,却也能锻造人的性格;富裕能打开人的眼界,却也能窒息人的精神。凡经历过磨难的孩子,才会知道幸福生活来之不易,才会倍加珍惜,才能在挫折面前勇往直前。所以,父母在疼爱孩子的同时,千万不要忘记让孩子过过没钱的日子,多经历些“磨难”,这样,孩子才能学会珍惜,才会拥有一个高财商!

诚信是孩子创富成功的重要条件

在一个星期天的早上,爸爸突然决定下星期六带小光去海洋馆玩。听说这件事以后,小光高兴得手舞足蹈,这是小光期盼已久的事情。以前爸爸总是出差,妈妈的工作也很忙,一家人难得出去游玩一次。现在终于有这个机会了,一定要痛痛快快地玩。

可过了一会儿小光突然就不那么高兴了。一个劲儿地在自己的卧室里走来走去,嘴里还不停地嘟囔着:“怎么办,我到底该怎么解决这个事情?”

“发生什么事了?”妈妈推门进来看到儿子这样烦躁,就忍不住问道。

“爸爸说过几天我们要一起去海洋馆,可是前几天我和同学们一起约定去公园写生,我现在既想去海洋馆,又不想违背同学们的约定,我到底应该怎么选择啊?”小光焦急地说道。

“嗯……这个问题的确很棘手,还是由你自己做决定吧。”妈妈决定利用这个机会考验一下小光。

到了晚上,小光跟爸爸妈妈说他已经决定不去海洋馆了,既然已经和同学约好了,就一定不能够违背诺言,所以他决定和同学一起去写生。

听了小光的决定以后,爸爸妈妈感到非常高兴,爸爸说:“儿子,你做得非常好,是男子汉就不能随随便便失约,无论到什么时候都不能抛弃诚信。为了奖励你信守诺言,那咱们就把去海洋馆的计划改在下个周日,你觉得怎么样?”

小光没有想到爸爸妈妈会这样夸奖自己,他的心里别提有多高兴了。更重要的是爸爸决定把计划改在下个周日,小光体会到了信守诺言的甜头。

诚信是一个人最基本也是最重要的素质,在市场经济的大潮下,诚信就更显得尤为重要。无论是作为销售者还是消费者,诚信都是一个人的安身立命之本。在给孩子上理财课的时候,父母也应该注意这一点。

因为孩子的年龄还小,分辨是非曲直的能力还很差。有时候虽然做错了事情,但是因为害怕家长的责骂,他们会选择说谎。如果这时候父母不加以引导的话,就导致孩子说谎的现象越来越严重。

想要培养孩子的诚信精神并不应该只是一句口号,如果孩子能够做到诚信的话,在追逐财富的道路上他会比别人得到的更多。如果孩子能够恪守诚信的原则,那么他将永远都不会贫穷。在培养孩子诚信意识的时候,父母们不妨尝试以下几种方法:

1.让孩子信守诺言

在培养孩子诚信意识的时候,第一件事情就是让孩子学会遵守诺言。父母应该让孩子明白,答应别人的事情就一定要做到,不管遇到什么困难都应该想办法去克服。

2.别让孩子轻易许诺

世界上的每个人都不是孤立存在的,都要和他人发生这样或那样的联系。每个人都需要别人的帮助,我们也要学会帮助别人。有一件事我们要让孩子记住,那就是在帮助别人的时候一定要客观地看待自己,凡事量力而行,千万不可因为面子问题而答应一些自己根本就做不到的事情,这样不仅不会帮助到别人,还会降低朋友对自己的信任程度。

3.让孩子知道有些谎言是善意的

父母应该让孩子明白,并不是所有的谎言都应该受到指责。在一些不得已的情况下,人们会说一些善意的谎言。父母可以这样说:“当去看望那些病人的时候,我们通常会告诉他们,病情并不是想象中的那样严重,这就是一种善意的谎言,是为了别人好而不得不说的。”

4.父母要及时肯定孩子的诚信

每个人都希望能够得到别人的认同,对于孩子来说也是如此。当孩子按照诚信的原则做事的时候,家长一定要对他进行及时的肯定和表扬,让孩子体会到诚信带给自己的快乐。

5.让孩子按时归还借来的物品

按时归还物品也是一种诚信的表现。父母可以从生活中的一些小事来使孩子明白这一点。例如,父母可以带领孩子到音像店租孩子喜欢看的动画片光盘,同时还要让孩子保存好这些光盘。如果孩子不能按时归还的话,父母就要让孩子承担因此而产生的罚金。有过这样的亲身实践,孩子自然知道应该按时归还借来的物品了。

6.尽量不要让孩子和朋友发生借贷关系

现实生活中有很多朋友因为金钱而反目成仇的例子。父母应该告诉孩子,尽量不要和朋友发生借贷关系,如果情况危急,必须借钱的话,应该按照约定的时间准时把债务还清。同时,借钱给朋友的时候也要相当慎重,避免因此而影响到朋友之间的感情。

告诉孩子：一味地想要“发财”就是末日

卡卡的父亲是一个狂热的股票迷，整天不务正业，只知道研究股市行情，就等着天上能够掉馅饼，让自己一下子变成千万富翁。

看到父亲一副不争气的样子，卡卡的母亲也选择了离开，把卡卡留给了父亲。由于疏于管教，卡卡很快就辍学，成了一名小混混。

在卡卡看来，就是因为父亲没有钱，母亲才会选择离开，于是卡卡发誓一定要挣很多的钱，在这种思想的驱使下，那些坑蒙拐骗的事情在卡卡看来都成了赚钱的好办法。一年下来，他和他的那些朋友“赚”了不少的钱。诸如偷摩托、抢劫小超市，这样的事情卡卡不知道干了多少回。终于，他的钱越来越多，发财的梦想指日可待！

然而，这样的日子没过多久，卡卡就因为抢劫被抓进了监狱。在狱中的卡卡，终于意识到了自己的错误，因此留下了伤心的泪水。

就是因为父亲一味地想发财，才最终导致了卡卡锒铛入狱。这个悲剧，正是由他的父亲造成的。

一个成功的父母，绝不会每天就是想着发财，而是拥有一个正确的金钱观，不论贫富，都可以生活得舒心、快乐。这种心态和习惯，也可以影响到孩子，让他们具备乐观向上的人生观和理财观。

所以，在合适的时机，父母一定要向孩子说明金钱可以带来快乐，但是一定要从正确的渠道挣钱，还要让孩子明白过分的发财梦就是噩梦的开始。

有的父母也许会说：“孩子想发财的动机很单纯，我们怎么好否定呢？”的确，孩子想要有很多钱的目的很简单，不过是想买更多的零食、玩具。但是，如果父母不及时制止他们的行为，那么在孩子们小小的心灵里，就会种下罂粟之花。所以，当发觉孩子的金钱欲望不断膨胀的时候，父母一定要及

时地纠正。

我们都知道这样两句话:“要想人不知,除非己莫为”、“天网恢恢,疏而不漏”,这两句话启示我们如果一味地想要发财,那么最终只能与牢房窗口射入的几缕阳光为伴。那么,父母在这方面应该做些什么呢?

1.辩证地看待发财

凡事都有好坏两个方面,关键是要把握一个度。因此,父母应该告诉孩子,想要发财本质上并不是件坏事,但要采用正确合理的途径,加上自己的不懈努力也一样可以发财。但如果想通过一些违法的手段去赚钱,那将是罪恶的开端。

2.不要做彩票梦

现在,买彩票渐渐成为了一个流行趋势,几十元可能换来甚至上亿元的回报,这也成为人们追逐发财梦的一种快捷方式,可是如果把它当成自己生命中最大的追求,终日迷恋其中,反倒违背了我们的初衷。有的人运气好,侥幸中了大奖,可对于那些失败的人来说,整个家庭都可能会陷入危机。

因此,当父母和孩子经过彩票店的时候,可以向孩子灌输这样的思想:买彩票有可能会发财,但是如果发财是这么容易的事情,那些彩票迷早就成了百万富翁了。所以说,我们应该把买彩票当成一种消遣方式,偶尔为之,中不中奖并不重要,切不可沉溺其中。

3.多给孩子讲一些反面教材

苏东坡在《前赤壁赋》曾说过这样一句话:“苟非吾之所有,虽一毫而莫取”,我们想要发财的意愿没有错,不过需要自身的努力,想要不劳而获只能获得一时的财富,最终还会是一无所有。单纯的说教也许孩子不会接受,父母可以多给孩子讲一些生活中的实例,拿一些反面人物来教育孩子。

例如,传媒对于抢劫行骗者的报导很多,家长可以不失时机地向孩子说明道理:想发财没有错,不过要通过正确合法的途径,还要付出自己辛勤的努力。而身为孩子,目前需要做的就是好好地学习文化知识,读好书,掌握好各门功课,这样才有可能会取得更大的成就。

别做让人厌烦的“炫富仔”

2009年11月的某一天，南京的某个高档度假村显得热闹非凡，处处洋溢着欢乐的气氛，一个10岁小女孩的生日宴会正在这里举行，所有到场的嘉宾都被这个奢华的生日宴震住了。

在此之前，女孩的爸爸邀请了三十多名同学及其家长，并且还说明宴会中设置了一个抽奖的环节，奖品十分丰厚。

果然，在宴会的抽奖环节中，三个特等奖都是价值不菲的小轿车，一、二等奖是翡翠首饰，三等奖是笔记本电脑。这让在场的嘉宾忍不住热血沸腾。

在宴会结束后，10岁的“小寿星”当场宣布把宴会收来的二十多万元礼金全部捐献给灾区，而且他的爸爸妈妈还拿出五十多万元用来给灾区定制棉衣棉被。据知情人士透露，当天的生日宴会估计要花掉几百万。

让孩子学会奉献爱心是件好事，可是父母一定要把握一个尺度，就像我们事例中的“小寿星”一样，她的父母把一次捐款活动演变成了一次炫富行为，这是很不恰当的。其实，父母完全可以让孩子通过其他的方式来奉献爱心，比如说让孩子捐出自己不需要的衣物和学习用品等，这样的募捐行为显然更有意义。

随着生活水平的提高，许多孩子的童年都过得特别幸福，父母对孩子也是有求必应。有些家庭条件相对较好的孩子，在父母的娇纵之下，很多都养成了攀比、炫富的坏习惯。

孩子所享有的财富都是父辈积累下来的，如果孩子沉溺其中，并且以此还炫耀的时候，就会在无形之中削弱孩子奋斗的勇气和毅力，长此以往，孩子就会只知享受，却不懂得如何去创造财富。等到长大以后，他们也不会有

什么大的成就。

对于有些家长来说,他们非但没有及时阻止孩子的炫富行为,反而在孩子炫富的活动中还充当了“军师”的角色,一心计划着如何让孩子大出风头。殊不知,这种行为大大助长了孩子的虚荣心,而且不利于孩子理财。

我们在这方面可以参考一下国外父母的经验：他们总是想尽办法让孩子抛弃自身的优越感,试图融入社会当中去。因为他们能够意识到,如果让孩子躲在自己的保护伞下,就会容易让孩子有优越感,这对孩子的健康成长极为不利。他们试图让孩子明白,比财富本身更重要的是积累财富的过程,人自身的价值也是在这个过程中凸显出来的。

当孩子有了炫富行为的时候,父母应该采取哪些行之有效的措施呢?不妨尝试以下几种方案：

1.父母先要反省自己的行为

父母是孩子的第一任老师,一切学习都是从模仿开始的,如果孩子出现了炫富的行为,先不要急着去责备孩子,而是要反思一下自己是不是也有炫富的行为,有则改之,无则加勉,只有这样孩子才会接受你的教育。否则的话,父母在孩子面前就会失去威信,什么说教都不会有好的效果。

2.杜绝孩子的优越感

父母一定要让孩子知道,不管父母多有钱,多富有,也不能代表孩子的能力有多高,更不能说明自己的地位要比别人高。每个人都是平等的,不应该以金钱来论贵贱。父母还要让孩子明白,想要不劳而获永远都不可能成功。

3.让孩子经常“照镜子”

父母需要经常反省自己的行为,孩子也是如此,要让孩子学会客观地看待自己,不要养成妄自尊大的性格。比如父母可以引导孩子设想一下：除去优越的家庭条件,你在各方面都比你的同班同学优秀吗?这种自我贬低反而可以让孩子正确地看待自己。

4.让艰苦奋斗代替孩子的炫富

越是在优越的条件下,我们越不能抛弃艰苦奋斗的精神。如果孩子一味地沉溺在父辈创造的美好生活中的话，也就没有了继续奋斗的激情，不管他从父辈那里继承了多少财产，他最终都将会走向失败。而艰苦奋斗则是孩子走向成功的不二法门，当我们的人生走向低谷的时候，艰苦奋斗的精神就会发挥它强大的作用，帮助人们走出困境。

5.不让孩子的超前消费影响了家人的生活

孩子一旦有了炫富心理，就很容易进行超前消费，常常会为了一件不必要的东西而打乱了父母的财务计划，把原本用于其他家庭活动的资金挪用到孩子的身上。毫无疑问，这对整个家庭的生活质量都会产生影响。所以当孩子的消费需求超出了自己的购买力的时候，父母一定要敢于说“不”，引导孩子在自己的能力范围之内消费。

慈善，也是一种理财

晓亮生活在一个富裕的家庭，从来都不缺乏零花钱。并且，父母允许他自己支配，这让晓亮很高兴。

这天，晓亮和妈妈一起去逛街，这时候，他看到了一些乞讨的人，于是问妈妈：“妈妈，这些人为什么要蹲在这里要钱？”

妈妈说：“因为他们没有劳动能力了。你看这个腿肿得很厉害的人，你说他能赚钱吗？”

晓亮看着那个受伤的乞丐，说：“一定不能。”同时，他也感到了一阵难过。这时候妈妈问他：“你愿意帮助他吗？”

晓亮说道：“当然愿意了！可是，妈妈，我怎么帮助他呢？”

妈妈笑着说：“晓亮，你有很多零花钱啊！你可以把自己的零用钱给他一些，这就是在帮助他，对不对？”

“原来自己的零花钱可以帮助人!”想到这里,晓亮急忙从口袋里掏出平时储蓄下来的零用钱,并且全部放在那个乞丐面前的碗里。乞丐非常感激,对他说道:“谢谢你小朋友,你是好人,你一定会有好报的。”

原本,这些钱是晓亮准备买玩具的,现在他已经一无所有了。妈妈问他:“阿亮,你不是要买玩具的吗?怎么把钱都给了他呢?”

这时候,晓亮的一句话,让妈妈非常佩服:“没关系的,买玩具的钱我还可以再存,我觉得他比我更需要这钱。”看着如此懂事的孩子,妈妈感到了欣慰,并说道:“晓亮你真棒,你真是妈妈的骄傲!”

让孩子学做慈善,这同样是一种学理财的方法。就像晓亮一样,他意识到自己的零用钱不仅可以买喜欢的玩具,还可以帮助他人,并且在这个过程中,他感受到了帮助人的快乐,这对他的未来是非常有帮助的。其实,像这样的教育机会很多,关键要看父母是否有这样的意识,循循善诱地让孩子自己认识到零用钱还可以帮助他人。

有些父母会觉得:做慈善就是将钱打水漂,这有利于孩子的成长吗?其实,这些父母并不了解这样一句话:“赚钱的目的不是单纯为了自己,同时还要回馈社会。懂得奉献的人,才能赚到更多的钱,因为其他人愿意让你赚钱!”

所以,对于慈善,父母应当积极引导,这对孩子的金钱观念有着决定性的作用。每一个父母,都应该给孩子灌输这样的思想:这件玩具只会带给你一个人快乐,也可以说,你自己手里的零用钱只给你一个人带来快乐,你还可以让自己的零用钱带给很多需要帮助的人快乐!这种快乐,会比独享更沁人心脾;那种成就感,是一生都不可磨灭的!

在理财的过程中培养孩助人为的品德,这岂不是一举两得之事?所以,我们应当多鼓励孩子做慈善理财。当然,慈善理财也是讲究方式方法的:

1.父母要以身作则

常言道,父母是孩子的第一任老师和模仿对象,父母怎样,孩子就会怎样。因此,一旦遇到好的机会,千万不要错过对孩子进行金钱教育。

例如，当你路过捐款箱时，请停下脚步去听听究竟发生了什么事；当你理解了其中的原因后，还应该及时告诉孩子，让他同样产生同情心。而在准备捐款时，一定不要忘记：在自己拿出钱时，不要忘记给孩子一张，哪怕只是一元钱。这样，他不仅会感受到你的爱心，同时更能直接体会捐款的感受，这种教育方式是最能打动人心的！

2.时刻提醒孩子慈善心态

如今的孩子生活条件颇为优越，一些物品尚未损坏就要丢弃，这时候，你就应该对他发出提醒信号。例如，当你的孩子把只剩下半截的铅笔扔掉时，你也可以不失时机地问他："你的班里，有没有同学把剩下很小段的铅笔套上笔帽，然后再使用的？"

通常来说，孩子都会回答有。此时你可以继续问他："他们为什么这样做呢？"如果孩子说是因为他们买不起的缘故，这时候你可以说："那你为什么不用自己的零用钱帮助他们呢？你们是同学，未来还有很多日子要一起度过，甚至是一辈子。帮助你的同学，这是你应该做的！"

3.让孩子自己组织慈善活动

想让孩子进一步理解慈善理财，那么我们不妨建议他从一个参与者，转变成一个慈善活动的组织者。例如，你可以鼓励孩子召集住在同一个社区的小朋友们，在小区花园里摆一个"跳蚤市场"，卖自己家闲置的二手货，用得来的钱捐献给需要帮助的人或是慈善机构。

这样做的好处就在于：孩子在这个过程中，不仅感受到了慈善的作用，还会让他们懂得如何宣传慈善活动，并且做好与慈善机构的捐赠衔接工作。如此一石三鸟之举，我们一定要大加鼓励！

告诉孩子，金钱不是唯一的财富

林克在一个富足的德国家庭长大。他的父亲是某家电器公司的副总裁，母亲在一家国际学校当校长，家庭条件可谓十分优越。父母一心想让他延续家族的“光荣传统”，因此对他百般呵护。

有几件小事，最能反映出林克父母的心态。

林克6岁时，随父亲外出时看到了直升机，于是他央求父亲买给自己。这当然不是件容易的事，但为了满足孩子的心愿，父亲花巨资买下了一架已经报废的直升飞机。

林克12岁时，嚷嚷着要去环游世界。为此，母亲二话不说，为此购买了一艘昂贵的小帆船，以及一系列野外生存装备。但是几年过去了，这些东西一点也没有发挥用处……

一晃，林克已经到了40岁的年纪。在父母的安排下，林克在父亲的公司任职，当着一名非常清闲的总经理。随后几年，由于父亲的年龄越来越大，终于退休回家。没了父亲的庇护，公司的所有员工开始对这位“富二代”不再毕恭毕敬，甚至，他们还联合起来和林克作对。在他们看来，一个游手好闲的总经理，早就应该“滚蛋”！

在家待业的林克，靠着父母的积蓄活得还算滋润。然而几年后父母的一次意外车祸，让林克没了经济来源。他凭着父母留给自己的遗产过了几年逍遥日子后，渐渐感到生活压力越来越大。于是，他不得不出入赌场，最终将所有的钱全部赔光……

妻子离开了，孩子离开了，已经60岁的林克，孤独地走在柏林的街头。看着那些辛苦擦皮鞋的孩子，他流露出了无比羡慕的表情。此时，他终于意识到，自己从小到大的生活轨迹全部错了。他大声地喊道："父亲母亲，我恨你们！"

孩子成长最可怕的是什么？不是没有钱，而是父母留给了孩子太多的钱。然而，现实中的很多父母，却并不懂得这个道理，他们没有教会子女如何自立、自强、立志成才，反而是对孩子的要求百依百顺，让孩子养成很多不良的习惯。金钱，是他们留给孩子的唯一财富。

爱孩子，要讲究方式方法。否则，单纯地只给孩钱，只能把孩子从天堂领到地狱。这样的例子枚不胜举：有的人为了袒护犯罪的子女，多方包庇，最后自己也锒铛入狱；有的人为子女谋取不正当的利益给孩子打开方便之门；还有的父母为了子女能够有一个好的未来而走上了诈骗的道路……

这一切，都是金钱惹的祸！

看看那些真正的成功人士吧，他们是怎么做的？比尔·盖茨已经宣布，将资产的大部分用于慈善事业，给孩子留下的只有很少一笔。因为他明白，太多的金钱不是财富，而是阻碍孩子成功的绊脚石。想要让孩子今后能够独自在空中飞翔，除了给他丰满的羽翼，还要教会他飞翔的本领。后者，才是留给孩子的最宝贵财富！

那么，我们该如何给孩子留下真正的财富？

1.让孩子体验生活的艰苦

不可否认，如今社会的整体水平越来越高，想要让孩子历经万千磨难，这显然是不现实的事情。但是，我们依然可以让孩子体会一下吃苦的滋味，因为苦难是最能磨砺一个人抵抗能力、理解能力、承受能力和转化能力的方法。

例如，在节假日我们可以带着孩子去乡下，让他在农田里耕作一番；倘若父母是重体力劳动者，可以让孩子在一旁观察；对于学校举办的下乡活动，鼓励孩子多多参加。在这个过程中，他就能体验到生活的艰苦。作为这一代长在小康家庭中的孩子，父母一定要清楚地认识到这一点。

2.培养孩子的“危机”感

也许，你的家庭存款已经上千万；也许，你的家庭属于社会上层，那么，我们更要培养孩子的“危机”感。父母不妨做个小游戏，假设家里突然没有钱了，该如何继续维持生活？这时候，父母要多鼓励孩子自己去想办法，让他去解决这样的问题。

父母还可以假设，自己失业了，家庭生活水平会降低到哪种程度？只有经常进行这样的训练，孩子才会意识到危机感，不再只等着父母给自己钱。同时，也要给孩子提供深入了解社会的机会，让他去接触现实的社会生活，让他了解现代社会中的竞争，让他明白只有靠自身的能力，只有掌握更多的知识才可以在社会上立于不败之地。

3.要求孩子学会朴素

真正的父母，应该从小培养孩子朴素勤俭的作风，教育孩子去做一些力所能及的事情，通过自己的劳动换取相应的物质报酬。要懂得珍惜、爱护自己的财物，不要一味地追求物质，更不要贪慕虚荣。

当然，这些需要父母进行配合。例如，不能孩子要什么就给什么；自己学会艰苦朴素以身立教。只有这样，才能让孩子在面对消费问题时有自己的主见和想法，改掉爱慕虚荣的不良行为。

4.给孩子留下“最宝贵的财富”

什么是“最宝贵的财富”？著名作家卡特曾如此论述道：父母都希望能够将两份永久性的遗产留给自己的孩子，一个是“翅膀”，另一个是“根”。所谓的“翅膀”就是适应社会和认识这个世界的生存能力，而“根”指的就是一个人的品质和心性。

所以，我们要留给孩子的，应当是积极向上的生活态度和端正的品德，这才能帮助孩子在人生的道路上走得远、走得稳。唯有这样的教育，才能让孩子创造出更多的“财富”；唯有这样的教育，才能让孩子拥有一个高财商！

让每分钱都变得更有社会意义

小红是家里的独生女，她的父母对其极其宠爱，但在给零用钱时却很谨慎。每当小红买东西的时候，她都要事先征求父母的意见，父母会让她把为什么想要这件东西的理由说出来，然后再判断要不要买。所以，小红从小就学会了合理支配钱。

一天晚上，小红和父母一起在家看电视，电视上正在播出贫困山区的孩子因为没钱而被迫辍学的事，小红看到那些辍学的孩子和自己年龄相仿，有些甚至比自己还小，忍不住对爸爸说："这些孩子太可怜了，他们中明明有些人的学习很优秀，却不得不离开学校，真是太可惜了。"

爸爸听了小红的话后，突然灵机一动，对小红说道："是啊，你跟他们比起来已经幸福不知多少倍了！"

"嗯！爸爸，我真的很希望他们能够重新回到学校。"小红点头答道。

"那你想帮助他们吗？"爸爸问道。

小红的眼中一亮，说道："我非常想帮助他们！"

爸爸这时又追问道："小红真是个好孩子！如果他们上不了学是因为没有钱，你觉得应该用什么办法去帮助他们呢？"

小红歪着头想了想，然后说道："我想到一个好办法，可不可以把自己攒下来的零用钱送给他们？这样他们就有钱交学费了，对吧？"

"小红真是聪明，你这个办法很好。"爸爸拍了拍小红的头表示赞扬。

从这之后，小红花钱就更加节省了，她给自己制定了目标，每天要往存钱罐里丢一元钱，看着存钱罐里的钱越来越多，小红非常高兴，当零用钱终于攒到一定的数额时，小红在父母的陪同下把这笔钱捐给了希望工程。

这次捐款让小红尝到了帮助人的快乐，也获得了一种非比寻常的成就感。她下定决心，以后一定要尽自己最大的努力去帮助别人。

买到最新款的玩具，吃到渴望已久的美食，到新开的主题公园玩个痛快，这对孩子来说都是一些可以给他们带来快乐的事情，他们很可能会为此而付出大量的时间来攒够钱，当他们的愿望得到满足的时候，那种快乐的感觉会更加强烈。

同样，如果一个孩子为了帮助别人而努力地攒零花钱，他们的心中会不会也有一种强烈的满足感呢？答案自然是肯定的。其实，不管孩子是选择满足自己还是帮助别人，我们只是想要让孩子明白，世上还有一种比为自己花钱更有意义、更幸福的事，那就是——通过自己的努力去帮助别人。

通过鼓励孩子帮助别人，也可以让孩子正确地看待金钱的价值。我们可以把这样的对比告诉孩子："当你在幸福地吃着汉堡的时候，那些贫困山区的孩子也许连汉堡是什么样都不知道；当你扔掉自己还崭新的衣服时，山区的孩子也许穿的是缝满补丁的衣服。"这样，不仅可以激发出他们的爱心，也可以让他们懂得珍惜来之不易的幸福生活，养成节俭的好习惯。

所以，对于孩子来说，捐款也是一种理财的方式。这不仅可以培养孩子的爱心，也可以让孩子意识到要把钱花得更有意义。当然，父母还可以通过下面的几种方法来进一步引导：

1.做孩子的好榜样

帮助别人也是一件非常有意义的事情，父母在这方面更要给孩子起到模范带头作用。在别人需要帮助的时候，及时地伸出援助之手，在潜移默化之中就会对孩子产生影响。例如，父母可以根据自己的能力资助一名偏远山区的孩子，给孩子做好榜样。当孩子看到父母这样做时，他也会比葫芦画瓢。即使当前他不理解这样做的目的是什么，但总有一天他会明白其中的道理。

2.帮助身边的人

在培养孩子爱心意识的时候，我们可以引导孩子先从帮助身边的人做起，父母可以这样对孩子说："如果从你的零花钱里节省一点出来，为他们提供必需的学习用品，这样就可以帮助到他们，在他们感激你的同时，你也收获了帮助人的快乐，何乐而不为呢?”当得到了父母的鼓励时，他们自然会更加愿意帮助他人。

让孩子学会为家人花钱

在母亲节来临的时候，女儿花了10元钱给妈妈买了一对耳坠，并且亲自动手做了一张精美的贺卡，在妈妈晚餐时送给她，妈妈为此而非常感动。

以前都是妈妈给女孩买礼物，这是第一次收到女儿给她买的东西，尽管东西不值多少钱，但是那份心意非常珍贵。而且，女儿买的耳坠的确非常漂亮，是女儿把自己的零用钱节省下来买的，这让妈妈非常感动。女儿还告诉妈妈，当她去礼品店挑选礼物的时候，礼品店的阿姨看她这么小给妈妈买礼物，也为她的这份孝心所感动，于是只收了成本钱。

在孩子未成年之前，所有的消费都是父母支出的。所以在他们心目中，这些都是理所当然的事情。日久天长，一部分孩子会变得对自家人非常吝啬，只允许家人给他们钱花，而自己却不愿意为家人尽一份孝心。

一个不懂孝敬的孩子，是不可能在这个社会走出一条成功之路的。因为他太自私，因为他没有感情。所以，我们就要让孩子学会为家人花钱。当然，这并不是需要他们买多么贵重的礼物，而是为了让孩子从内心明白应该关心家人。就像事例中的那个女儿一样，只是一对小小的耳坠就让妈妈收获了满满的感动。家人永远是世界上最关心他们的人，他们也应该回报这种爱。家长需要用交流和行动去感动他们、影响他们，下面的这个例子就佐证了这点。

格格是一个10岁的小女孩，虽然年龄很小却很有孝心，她会在过节的

时候主动地给亲人买一些小礼物。

有一天，格格的舅舅带着表妹去她家来拜访，格格想要请表妹吃肯德基。于是她让姥爷陪她去了肯德基，买了两份儿童套餐，买好东西之后，姥爷赶忙拿钱结算，可是格格坚决不让姥爷掏钱，像个小大人一样说道："我请妹妹吃东西，怎么能花您的钱呢？"

回到家里以后，姥爷赶紧给格格的父母解释，觉得让外孙女花钱心里有点过意不去。格格的妈妈听了以后，笑着对姥爷说格格这么做很正常。原来，格格经常把自己的零花钱节省下来请爸爸妈妈吃饭，以此来表达对父母的爱。

格格之所以这么懂事，与她父母平常对她的财商教育是分不开的。但看看现实吧，由于父母没有进行积极引导，造成了一些孩子对父母非常吝啬，"啃老族"层出不穷。对于这些人来说，他们似乎更看重父母的钱，把"啃老"当做理所当然的事情。

对于父母来说，如果年轻时成为"孩奴"，年老又被"啃老"，这应该是最悲哀的事情了。要想杜绝这种事情的发生，最好的办法就是从小培养孩子的财商，让他们长大后能够自食其力，从内心感激父母的养育之恩，在能够养活自己的时候，也有能力孝敬父母。这种教育也应该作为孩子成长过程中的必须课。

俗语说："亲情是靠常走动出来的"。要想避免孩子对于家人"吝啬"，我们也要注意对孩子经常进行情感教育，加深孩子和亲人的情感交流，而这种亲情的付出也会得到回报。一个懂得亲情回报的孩子也必将一生受益于血缘关系带给他的更大回报——爱和财富。因此父母要让孩子多参与这种亲情的互动，这会为他们未来的事业打下良好的人际关系基础。

也许有的人会说：这样从小教孩子过早处理人际关系是不是太现实了？可是对于孩子来说，好的人脉是孩子未来事业的一种资源和资本。孩子终有一天要自己在社会上立足，未来的路需要他们自己去走，培养孩子建立良好的人际关系也是对他们未来幸福生活的一种保证。

正是因为亲情如此重要，我们就要更注意从小对孩子进行亲情教育，金钱作为表达感情的一种方式，我们可以适时地引导孩子学会为家人花钱，或许只是一张小卡片，又或者是一朵鲜花，但是礼轻情意重，孩子和家人的关系也会因此而更加亲近。

不要用金钱扼杀孩子的创造力

马上就要到教师节了，小芳对妈妈说道："我要自己动手给老师做一份世界上最精美的礼物！"

妈妈用略带疑问的口气问道："傻孩子，你都会做些什么啊？如果做出来的礼物不是很好，你不怕老师和同学们笑话你吗？"

小芳听完以后愣了一下，那种做礼物送给老师的自信被妈妈几句话打消地无影无踪了。可是还要给老师准备礼物，怎么办呢？小芳的眉头紧锁起来。

看着女儿一脸忧愁的样子，妈妈说道："我们楼下的礼品店里有很多东西啊，给你20元钱买一个送给老师不就得了？肯定要比你做得好。"

小芳拿着妈妈给的钱，不情愿地向楼下走去。

孩童时代，孩子的创造力是非常丰富的。在这段时期，我们父母要做的就是激发孩子的这种创造力，而不是像小芳的妈妈那样，生生地利用金钱扼杀了孩子动手创造的能力。要明白，金钱只能买来礼物，永远也买不来孩子的创造力。

然而在现实生活中，我们经常看到有些父母利用金钱来扼杀孩子创造力的事情。他们在不知不觉中，就给孩子灌输了这样一种观点——金钱是最重要的，是什么都能买到的！

父母这样说时，不知道你们是否看到，孩子脸上留下的落寞？他们需要的，是用创造力亲手创造。这些实践机会，往往是提高孩子创造力的绝好机

会。然而，父母这样做不但没有激发出孩子的创造力，反而禁锢了孩子的思想。试想，在一个如此重视创造力的新时代，这样的孩子怎么在社会上立足？

反观下面这位父母的做法，就非常值得我们借鉴。

沈伟是小学二年级的学生，在一次家长会上，数学老师对他爸爸说道：“数学教学正进入直式运算阶段，班里的同学都是按照我的要求从低位向高位顺序运算，唯独沈伟别出心裁地从高位到低位进行逆向运算，我已经交待过他了，可他还是要这么算。”

回到家后爸爸盘问他是怎么回事，沈伟振振有词地说道：“左边算到右边是我想出来的窍门。”听完沈伟的解释后，爸爸意识到儿子虽然违背规律进行运算，却透露出一种萌芽状态的独创精神。

为了不抹杀孩子的这种创造力，爸爸先对他的这种独创精神给予了充分的肯定，然后循循善诱地告诉他，考虑事情一定要全方位，对思维结果还须验证。然后，爸爸和沈伟一起分析了逆向运算的弊端。最后，儿子心服口服地忍痛割“爱”了。

孩子总有一天要离开父母踏入社会，为了能够让让他们尽快适应，父母一定要提高他们各方面的综合素质。充分尊重孩子的主体地位，让孩子从小树立主体意识，多给他们一些自我发展的空间。

那么，家长应该如何避免进入利用金钱扼杀孩子创造力的误区呢？

1.让孩子对金钱有一个正确的认识

在孩子的理财课上，正确的看待金钱永远是重中之重。父母应该让孩子明白，金钱可以改变我们的生活，但并不是能够创造出所有的东西。避免孩子树立金钱万能的错误观点。

2.培养孩子的创造力

现代社会是一个更加注重创造力的社会，而孩童更是培养孩子创造力的最佳时期，因此，父母一定要利用这个机会抓好对孩子创造力的培养。比如，平时多陪孩子做一些益智小游戏，鼓励孩子参加感兴趣的课外小组等，这些都是提高孩子创造力很有效的办法。

3.培养孩子的独立性

许多父母都认为顺从的孩子就是好孩子。还有的父母为了避免麻烦，从来都不鼓励孩子做力所能及的事。这非常不利于孩子创造性的发展。家长应该要相信孩子，让他们多动手、多动脑。当孩子遇到困难时，要鼓励和启发孩子想办法克服和解决，这些对孩子来说都是绝好的实践机会。

4.激发孩子的想象力

丰富的想象力就像是一对帮助我们飞翔的翅膀，是孩子发挥创造力的基础和极为重要的条件。父母可以在日常生活中处处注意培养和激发孩子的想象力，引导孩子的发散思维、逆向思维。比如可以通过画面、景物、音乐、文字等，引导孩子展开联想。

“创造就是和别人看同样东西却能想出不同的事情。”这是诺贝尔物理奖获得者艾伯特·詹奥吉说过的一句话。父母在培养孩子创造力的时候，必须要勇于发现孩子与别人不同的地方，激发孩子学习的兴趣，鼓励孩子多动手实践。

同时，虽然所有人都有一定的创造能力，但并不是所有人都能像爱迪生、伽利略那样出色。所以，父母不能过分地要求孩子，而是应该及时发现孩子的创造迹象并加以鼓励。

第三章

提高财商

让FQ跟着个头一起成长

为什么美国可以诞生那么多的亿万富翁、世纪富豪？一定程度上是因为美国的孩子从3岁起，就开始了“实现幸福人生”的计划。这些孩子从小就开始理财训练，懂得如何赚钱、如何借钱、如何还钱的方法。“理财也要从娃娃抓起”，我们也应当如此，让孩子从小就可以提升财商。唯有如此，孩子的FQ和个头才能一起成长！

想要学理财，先懂 FQ

有一天，小超和妈妈一起看电视，当时正好在播一档财经节目。这时，小超好奇地问问道："妈妈，什么是 FQ 呀？我只知道 IQ 是智商的意思。"

听了小超的问题以后，妈妈才意识到，自己从来从来没有对小超进行过理财方面的教育。既然小超主动提到了这个问题，妈妈觉得可以趁此机会来对孩子进行一次理财教育。于是，妈妈语重心长地对小超说道："FQ 是指财商，换句话说也就是指一个人的理财能力。"

"我明白了！"小超点了点头，"可是，它能像 IQ 一样提高吗？"

小超的话，让妈妈愣了愣。她意识到，已经到了该给孩子提升财商的时候了！

财商是人们在现代社会立足的重要能力之一，父母们要在孩子很小就注重培养孩子的财商。所以，一些财商教育专家才这样指出："财商教育在孩子 3 岁时就应当开始。"在孩子 6 岁以前的萌芽成长期，吸收信息的能力非常强。一些幼教专家也建议，可以利用这段时间来让孩子认识一下金钱，让孩子学会储蓄等。

对于有些父母来说，接触财商教育的时间比较晚，因此，要想提高孩子的财商，父母首先要做好功课，否则就会在孩子的面前闹笑话。要明白，孩子拥有强烈的好奇心和想象力，进一步演化就是孩子的创意能力，当告诉孩子这些财富知识的时候，其在生活中反馈出来的做法，往往会超乎我们的想象。

著名财商教育专家罗伯特·清崎说过：所谓财商，一是正确认识钱及金钱规律的能力；二是正确使用金钱及金钱规律的能力。可以想象，一个漠视财商的人，一定没有很强的现实感。每个人追逐财富的方式不一样，财商的出现为人们提供了新的思路与方法，它专门用来衡量一个人是否具有理财能力与创造财富的才智。

很多创业者创业成功以后，几乎都谈到了财商在创业中的作用：创业者首先要善于把各种资源变为财富，而这种善于把资源变为财富的能力，就是财商的重要表现。

财商是可以培养的，我们可以暂时没有钱，但不能没有财商。“上算智生钱，中算钱赢钱，下算力换钱。”这句经典的俗话更能说明财商的重要性。那么父母在孩子的财商教育中应该扮演什么样的角色呢？

1.要让孩子对财商有一个正确的认识

父母要让孩子明白，只有高财商的人才知道采用什么样的方法赚取更多的钱、用什么样的方式积累金钱、如何去进行投资和消费。也就是说，财商不仅可以让人赚钱，还可以在原来的基础之上积累更多的财富。当孩子明白了财商的重要性时，他们就能怀着愉悦的心情接受父母的财商教育，自己的财商也会逐渐提高，那么他理财的能力也会随之相应提高，帮助孩子创造出更多的财富。

2.孩子的财商可以得到提高

很多父母总是抱怨自己的孩子不聪明，他们之所以得出这样的结论，就是因为受传统评判标准的影响。很多父母喜欢拿自己孩子的缺点和别人家孩子的优点相比较，所以总是在发现孩子的缺点。这其中最突出的莫过于孩子的成绩了，在我国，很多人眼中所谓的优秀学生指的是那些成绩好的孩子。而在美国的学校中却恰恰相反，如果一个孩子只有成绩突出而其他方面一无所长的话，同样得不到大家的认可。

父母不能因为孩子的成绩不优秀，就放弃了对孩子进行财商教育，据调查，有些成绩不太好的孩子成年以后却取得了令人瞩目的成就。孩子的学习成绩不好，很可能是他们不太适合学校的教学方式，并不代表他们的智商低。只要做父母的肯努力对孩子进行财商教育，孩子的理财能力一定会有一个大的提高。当孩子接受了系统的财商教育之后，他们就能更好地处理好各

种财务问题。

3.父母不要曲解了对孩子进行财商教育的目的

对很多人来说，如何赚取更多的钱是衡量一个人财商高低的重要指标，但这却不是唯一考查的内容。对孩子进行财商教育的目的不是为了让孩子学会怎么挣钱，更重要的是通过财商教育，让孩子能够学到真正的理财技能。既要懂得如何积累财富，又要懂得如何与别人分享。

4.通过多种途径让孩子学习理财知识

随着孩子年龄的增大，父母就不能够再单纯地使用说教的方式了，因为这很有可能让孩子逐渐产生厌烦情绪。所以，父母可以采取一些其他办法，例如可以给孩子讲述一些有关理财的小故事，或者是给孩子买来一些带有插图的儿童理财故事书，这样可以有效地引发孩子学习理财的兴趣了。除此之外，父母还可以陪着孩子观看财经类的节目，这也是提高孩子理财能力不可多得的好办法。

西方父母如何教孩子理财

在一次中西方父母关于孩子财商教育的研讨会上，中方父母对西方父母提出的财商教育模式提出了自己的质疑。有的中方父母说："你们那么早就让孩子接触金钱，这对孩子的成长有利吗？"

面对中国父母的如此"责问"，西方父母做出了自己的回答。西方国家的父母认为，孩子 3 岁的时候就可以开始教孩子辨认钱币，认识硬币、纸币和币值；4 岁时就可以在父母的陪同下买一些简单的生活用品，如泡泡糖、小玩具、画笔、小食品等；5 岁时就可以让孩子自己劳动赚取金钱了，让他明白钱是用劳动而获得的报酬；6 岁时就要让孩子开始学习攒钱，让他养成储蓄的好习惯;7 岁时孩子就已经学会判断自己有无购买的能力,能够通过观看商品标签的价格,来判断一下自己的购买能力;8 岁时孩子就要明白其他的一些挣钱方式,比如卖报,通过卖不玩的玩具而获得报酬;9 岁时孩子就应该懂得和商家讨价还价,并知道怎么合理地支配自己的零花钱,学会买卖交易。

听到西方父母这么说,中国的很多父母顿时沉默了。这时候,另一位西方父母继续解释道:“而 10 岁,则是孩子理财教育的一个转折点。”在西方父母看来,10 岁时孩子就应该懂得节约零用钱,懂得用节省的钱买一些比较实用且贵的商品,如溜冰鞋、滑板车等;11 岁时孩子就会懂得怎么购买物美价廉的商品,懂得打折、优惠的概念,并开始学习评价商业广告;12 岁的时候孩子就已经深刻地意识到节约的重要性,知道钱的来之不易,懂得珍惜每一分钱;当孩子 12 岁以后,就可以让他完全参与成人社会的理财、交易和商业活动等活动。

这就是典型的西方理财教育理论。西方的父母认为,给孩子零用钱的目的,其一就是让孩子从小就了解劳动与报酬之间的关系,并且时刻记着这种关系;其二就是让孩子从小了解怎么合理地支配自己的零花钱。此外,当孩子做了令父母失望或高兴的事情时,西方的父母不会像中国大部分的父母那样,西方的父母是不会减少或增加孩子的零花钱的,而是采取表扬与鼓励的方式。

并且,西方父母不但会有计划地给孩子零花钱,还会定期地给孩子一份用于投资的“基金”,告诉孩子一定要严格遵守使用零用钱的准则,从而让孩子树立正确的价值观念。

理财能力是孩子在今后的生活与事业上必须具备的能力之一。对于这种能力,培养得越早,孩子就越容易掌握,应用得也就越熟练。如果培养得不及时,后期学习的话就会比较困难了。

大多数西方父母认为,孩子是非常容易犯错误的,但并不能因为孩子年龄小就忽略不计。从理财能力的角度看,理财素质教育应从尽早克服一些错误抓起。而处于少儿时期的孩子一般会显现出下面几个突出的特征:一是没

有成熟的经济和金钱方面的意识；二是没有固定的收入来源；三是具有儿童所特有的强烈的消费欲望和要求；四是理财能力欠佳。这些特征就导致孩子在理财方面出现很多失误的地方，并且这些错误将会直接影响到孩子的以后的发展。

由于中西方文化的差异，对孩子的理财教育方式也不尽相同，但目的都是一致的，为此，我们可以借鉴一下西方的经验，吸取他们中比较优秀的部分。他们的理念告诉我们："孩子的理财观要趁早，还要让孩子有实践和行动。"而还有那些西方教育经验，值得我们学习呢？

1.给钱要定期

这是一个最基本的原则，父母一定要定期给孩子零用钱，而这个定期性是培养孩子学会花钱的关键。因此，父母一定要严格恪守这个准则。例如，一周一次给孩子零花钱，在其他时候绝不会给。这样做就可以帮助孩子建立规划，而不是总等着一没钱就向父母要。

2.尽可能地少给钱

尽可能少给钱，这是西方父母的一大传统。给孩子少一点的零花钱，既是为了培养他们的节约意识，又是为了让他懂得收支平衡的道理。一旦孩子觉得零花钱少的时候，自己还可能会主动地去想挣钱的办法，从这一点来看，又开拓了孩子挣钱的能力。所以，我们中国父母就应该积极去学习。

3.让孩子自己支配零花钱

父母在适当的时候应该把零花钱支配权交给孩子，这种"放权"其实是对孩子更好的锻炼，他们会在这种状态下学会在做出正确的选择，买东西的时候也就更有目的性。例如，孩子想要买一只文具盒，我们就不要总替他拿主意，而是应该鼓励他自己选择。当然，我们可以进行协助，例如对他说："孩子，这个文具盒是不是太贵了？为什么不去另外一家先看看再决定呢？如果真的没有合适的，那么你就买这一只吧！"

财商教育很重要

10岁的晶晶是家里的独生女。有一次，晶晶要出去和同学聚餐，爸爸说要让她多带一些钱。可是晶晶却很认真地跟爸爸说，自己身上的钱已经够花了，她和同学已经商量好了要实行AA制。晶晶的举动让她的父母很欣慰，他们以前总把晶晶当作一个小孩子，可是今天他们却突然发现孩子已经长大了，知道合理地支配地自己的零花钱了。

其实在以前，晶晶也没有节约的意识。而爸爸很喜欢读报，在爸爸的影响下，晶晶也渐渐养成了读报纸的习惯。曾经有一段时间晶晶买报的时候很随意，不管是什么类型的报纸，只要自己看上了就会毫不犹豫地买下。可是晶晶也只是对其中的某一个栏目感兴趣，或者是被某一篇比较有趣的文章吸引。对晶晶的爸爸来说，一方面，每当看到女儿看报时专注的神情的时候，他感到非常欣慰；另一方面，晶晶没有选择性地买报纸又让他很苦恼。

在一个星期天的晚上，爸爸对晶晶说："你喜欢读报纸，这是非常好的一个习惯，因为报纸上面有很多书本上学不到的东西，不过另一方面，我们还要学会合理地消费，尽可能省下那些不必要的开支。你买报纸太过随意，这其实就是一种浪费，以后你可以选择一下，这样下来一个月就能节省不少的钱。"

听了爸爸的话之后，晶晶给自己规定了一天不能买超过两元钱的报纸。刚开始的时候，她感到很不适应，经过一段时间的磨炼，晶晶已经能够很好地判断出哪种是自己需要的报纸。现在，晶晶的理财意识和技能要远远地高于同龄人，将自己的零花钱支配的非常合理，因此才有了文章开头的那一幕。

很多父母，都有这样的一种思维：不应该和年幼的孩子谈钱。他们会说：

"让孩子从小就掉进'钱眼儿里',长大了岂不是一身铜臭?"在他们看来,对孩子的理财教育,也许会玷污孩子纯洁的心灵。

然而,父母却忽视了很重要的一点:对孩子的财商教育不仅仅包括金钱教育,在很大程度上还是一种人格、品德、综合素质的教育。其实,父母完全不必杞人忧天,孩子并不会因为受过财商教育而变得六亲不认,相反,他们还会更富有人情味、更富有爱心。只要父母加以合理地引导,根本不会因此而影响孩子的学习。

尤其是在市场经济的浪潮下,财商教育发挥的作用越来越大。财商的高低,在一定程度上决定了能否过上优裕的生活。可是对于大多数的父母来说,他们把自己的大量精力都花到了孩子的学习教育、智商教育上面,忽略了孩子的财商教育。当这些孩子踏入社会的时候,他们只会懂得一味地赚钱,却很少思索如何让手中的钱继续为自己工作。

综上所述,对孩子进行财商教育是非常重要的。如果父母不想让自己的孩子成为理财能力差的弱者,那么,就要从现在开始对孩子进行财商教育:

1.父母要明白财商教育的重要性

每个父母都希望自己的孩子将来过上幸福美满的生活,但他们中的大多数都是用金钱来衡量幸福的,因此他们总是竭尽所能地给孩子留下一笔雄厚的资产。殊不知,这种观念早已经过时了,如果父母们只是想给孩子留下足够的资金,而不交给孩子处理财富的方法,那么总有一天孩子会坐吃山空。

所以,当下父母要做的不是帮孩子赚钱,而是培养他们的理财能力,主动采取各种方法让孩子的财商得到有效的提高。例如,让孩子做家务赚取零花钱,让他们进行财务分析和计划,这样的方法都很有利于财商的提高。

2.抓住对孩子进行财商教育的最佳时期

研究证明,孩子越小,接受财商教育的能力越强,成效也就越大。5~14岁是对孩子进行财商教育的最佳时期,为了能让孩子拥有较高的财商,家长一定要把握好这个时期。

当然,我们并不是说如果错过了这个时期,孩子的财商就没有提高的可能，只是那时候要想培养孩子的财商，困难可能就会多一点，而且效果也没有最佳期的好。

3.多管齐下，全面提升孩子的财商

我们来判断一个人财商的高低，不仅看他能够挣多少钱、怎样管理这些钱，还要看他的消费观念、消费特点、能否有合理的理财规划、良好的储蓄习惯以及财产保护的法律意识等一系列的技能。这些方面，都关乎着对孩子的理财教育能否成功，因此父母一定要多管齐下，全方面地指导孩子进行理财。例如，我们要带着他们去银行，让他了解存钱是怎么一回事；我们要给他讲股票的故事，让他懂得资本是怎样运作的。唯有如此，孩子的财商才能得到明显提高。

理财的前提：财务规划

赵女士非常擅长理财，同时也很注意对女儿财商的培养。有一次，她带着女儿去超市购物，为了防止女儿见什么就想要什么，赵女士想出了一个很聪明的办法。她对女儿说道："宝贝儿，妈妈决定今天带你去超市，你可以选购一件自己最喜欢的商品，不过价格一定不能超过 30 元钱。妈妈要提醒你，如果你还是要闹着买很多东西的话，下次妈妈肯定不带你去了。"

"哇！妈妈说的是真的吗？我真的可以选一样东西吗？"女儿听完妈妈的话以后几乎要兴奋地跳起来了。

"没错，我什么时候骗过你啊！"赵女士回答道。

"嗯，我非常想要一个漂亮的娃娃。不过我要先去超市选一下，看看哪个娃娃最漂亮，然后我才能做出最后的决定。"女儿跟妈妈说道。

之后，母女两个高高兴兴地去超市了，因为这次是女儿可以主动地挑选

东西，所以她看上去特别兴奋。在玩具货架前面，她拿起了好几款娃娃，那副认真挑选东西的样子模样绝对不亚于任何一个挑选商品的成年人。逛过了几个商店之后，女儿最后决定买下其中的一款娃娃，而它的价格也没有超过妈妈说的30元。

从这以后，妈妈总是这样要求女儿。渐渐地，女儿买东西也有了一定规划能力，而不是见什么买什么。甚至，她还会提前做好财务规划表，拿着这份表格到超市。这样一来，她的效率更加提高了，而不是在每一栏货架前都驻足停留！

赵女士的做法无疑非常聪明，她事先给孩子限定了购物的最高价格，然后让孩子在这个价格以内来选择自己喜欢的商品。在这个过程中，孩子就会制订出一个支出计划。孩子明白，妈妈不会给自己超过30块钱，也就不会再去挑选那些更贵的东西了。

无是做什么事情，如果事先制订一个计划，到时候就不会手忙脚乱。对于财务规划来说也是如此，所以，父母可以教育孩子平时要有一个合理的支出计划，在关键时刻，就可以减少因为资金短缺而造成的尴尬，这不仅是孩子理财能力的一个提高，在做其他事情的时候，孩子也会越来越有条理。

那么，父母在培养孩子制订支出计划的时候应该注意哪些内容呢？

1.让孩子对自己的支出项目有一个清醒的认识

在教导孩子制定合理的计划之前，首先就应该引导他们对自己的日常消费内容做一个详细的分析。了解一下自己平时的主要支出在哪些方面，哪些物品的消费金额占的比例较大；有多少东西是自己平时一定要用到的，有多少东西并不是自己急需的。

2.帮助孩子制订一个短期消费计划

当孩子了解了自己平时的消费内容之后，父母就要着手帮助孩子制订一个支出计划了。刚开始的时候孩子的自制力肯定不是太强，这时候父母可以帮助孩子制订一个短期的消费计划。不过，父母一定要多多重视孩子的意见。如果孩子在近期内需要购买一件大宗物品，例如一架电子琴，那么我们应当帮助他将这份计划完善，在留下大部分零花钱的同时，将剩余的零花钱进行进一步规划，这样既能保证他攒到钱，又可以保证日常的所需。

3.对待一些生活必需品不能太凑合

我们提倡孩子养成勤俭节约的好习惯，但并不是要买什么东西都要以少花钱为标准。对待生活必需品不能因为图便宜就买那些质量不好的商品。用的时间不长还可能会造成另外一种浪费，要尽量选择那些质量比较好的。

4.父母要起到监督作用

帮助孩子制订完一个短期的消费计划，并不意味着父母什么事情都不用做。其实后面的工作时候最重要的，那就是做孩子的监督员。父母要严格监督孩子是否在按照原来的计划行事，这样制订的计划才会更有意义。

当孩子严格按照计划执行的时候，父母要及时对孩子进行表扬，并给予他们一定的奖励。当孩子违背计划消费的时候，父母则应该对孩子进行一定的惩罚，起到一个严格的警醒作用。

5.让孩子列好购物清单

当父母带着孩子去商场购物的时候，孩子难免会被那些新奇的玩具所吸引，吵着让父母给自己买下来。为了防止这种事情造成过度消费，父母可以再去超市之前制订一个购物清单，这样他们就能更好地抵制各种诱惑。

6.让孩子坚持做支出记录

家庭的财务需要做家庭账表，要想提高孩子对金钱的规划能力，父母也应该鼓励他们把自己的消费行为一丝不苟地记录下来，每过一段时间，父母可以对照着账单来综合分析一下孩子的消费行为还存在着哪些问题，并帮助孩子解决这些问题，孩子的理财能力自然而然也就得到了提高。

财商提升的必经路：金钱阶段规划

简妈妈是一家跨国公司的总经理，收入不菲，也许是因为自己职业的缘故，简妈妈很注重孩子的财商培养，从孩子5岁的时候，简妈妈就在帮助儿子提升智商的同时也提升着自己的财商，鼓励让孩子自己学着理财。

简妈妈从小就对儿子说，赚钱只是手段而非最终目的，但君子爱财也要取之有道，不能不择手段，而且要把每分钱都花在有用的地方，“散财童子”和“守财奴”都是做不得的。

简妈妈并没有认为孩子的年龄太小，她觉得孩子早晚都会知道这些的，早些知道总比想用时没技能强，所以她会把家庭账目向孩子公开，把孩子的每项开支都清清楚楚地记在上面，任何与孩子有关的花销都告诉他。这样，孩子心里也会有数，不会再任意浪费了。

此外，简妈妈还给孩子开了一个银行账户，把孩子的压岁钱、家务奖励、亲朋给的一些钱全部让孩子自己“亲自”存进银行，让他知道存款的利率是多少，懂得怎么“钱生钱”。除了衣食住行与学费等由父母出，普通的学习用品、图书、捐款、玩具和零食都要让他自己“掏腰包”，但是每份开支都要清清楚楚地记下来。去商场购物的时候，简妈妈会让儿子去核算一些发票和账单，并鼓励其发现问题马上提出。

有一次，简妈妈母子与同事一家三口共5人去某景区旅游，简妈妈让儿子记下所有的开支，就算是一包纸巾也不放过，结果孩子做的分毫不差。父母们的以身作则会让孩子们懂得什么时候应该花大钱，什么时候应该节省一下开支，使用前做好计划，一定要按照计划来实施，合理消费，才可能会有结余。

事实证明，简妈妈的财商教育很成功，儿子的确很有经济头脑，购物时会去考虑物品的价值，货比三家。就算零用钱比较多的时候，他也不会超前消费，从不在乎名牌或是去显示自己的家世。在儿子考入大学以后，简妈妈与简爸爸都放心地让他自己去安排生活，他们知道孩子已经具备自己理财的能力。

父母对孩子进行理财教育的时候，合理地对金钱进行规划是非常重要的一步，应该着重培养孩子这方面的意识。

对金钱的规划，分为短期、中期、长期三种。短期理财是指在一个比较短的时间内的理财目标，如两周。中期理财是指在一个相对较长的时间内理财要达成的目标，如两个月。而长期理财一般就是一个比较长的一个时间，也有可能是对一生的规划。

正是因为我们的一生中要完成的目标很多，让孩子学会分阶段规划就显得非常重要，即一个存钱、花钱的计划。例如孩子想买一本漫画书、一把吉他、换一辆新的自行车，这时父母不必给他们足够的钱，而还是照常给他们同样的零花钱。让孩子自己定一下短期、中期和长期的打算，分析一下哪些是急需的，哪些是可以推迟买的。

例如，可以把漫画书作为短期的目标，把吉他作为中期的目标，把自行车作为长期的目标，之后通过自己的努力来达成这三个目标。在这之后，孩子可能就会把自己的一些零花钱节省下来，例如零食和不必要的玩具等，每天按照预先的计划给自己的“账户”注入预计的资金。

与此同时，孩子还可能会寻找其他的方式去赚钱，比如做家务、暑期勤工俭学，等等。这样一来，孩子不但通过自己的努力来买到自己想要的东西。而且培养了他们的短、中、长期理财意识。

既然金钱分期规划这么重要，那么父母应该如何帮助孩子制定分期计划呢？就拿孩子的零用钱来说，我们可以帮助孩子规定短期用钱占50%，中期用钱占25%，长期储蓄占25%。时间久了之后，孩子就可以清楚地明白自己每天的开销以及应该储蓄多少钱。通过树立短、中、长期的理财意识，可以

锻炼孩子做出正确决定的能力。之后无论怎么样，孩子都可以根据自己的目标合理地规划每一分钱，父母也可以放心地让孩子自己理财了。

想让孩子财商高，自己先升“FQ”

就像所有的爱美的女士一样，赵女士非常注重日常的护理，她还经常拉着几个好姐妹去美容院做保养，如果单从外表看上去，肯定没有人会相信她已经有了一个10岁的女儿。

在她的女儿梦梦过生日的时候，她给孩子封了一个300元的红包。第二天梦梦就带着钱去逛商场了，一直等到天黑才回家。她兴致勃勃地把自己的“战利品”——一条水晶项链展示给赵女士看，还说这是打折商品，和平时买相比，还省了不少的钱。

赵女士仔细地看了一下那条水晶项链，然后大声训斥道：“这哪里是什么水晶项链？明明是玻璃做的！”接着赵女士就开始狠狠地数落起女儿的各种不是，责备她不应该没有计划性地花钱，竟然用300元买了一条没有多大用的项链，更让人无法忍受的是居然还买了假货。

梦梦本想妈妈会夸赞自己买的项链非常漂亮，可是不料想却遭到了妈妈的责备，而昨天妈妈还在高高兴兴地为自己庆祝生日。于是梦梦用一种说不清楚是委屈、不满、还是愤怒的情绪开始反驳妈妈：“这是你给我的红包，才300元而已，你就这样责备我！可是你上次不也是花了1000多元买了一副假冒的白金耳坠吗？和你相比，我花的已经很少了，你凭什么一直这样说我啊？你花的钱比我多！”

赵女士没有想到女儿会这样反驳自己，一时哑口无言，她不知道自己应该用怎样的方式和女儿交流了。女儿说得很对，既然自己平时花钱就没有一点节制，又有什么资格去教育别人呢？

我国有句古话“近朱者赤，近墨者黑”，一个人的为人处世方式在无形之中会受到他身边的人的影响，这句话同样适用于父母和孩子的关系。对于孩子来说，对于他们理财能力影响最深的人，就是与他们朝夕相处的父母。

由此可见，父母要想培养高财商的孩子，自己首先就应该成为一个高财商的人，只有这样，自己在教育孩子的时候才会更有说服力。就像事例中的赵女士一样，自己平时不注重理财，想让孩子学好理财无异于天方夜谭。

那么，父母要从哪些方面来提高自己的财商呢？

1.父母要明白提高财商的重要性

要想让孩子提高财商，父母要首先认识到提高财商的重要性，才能有意识地改变自己那些不好的理财习惯，不断地提高自身的财商，这样才能成为培养孩子财商的最好的老师。就像市面上有很多关于成人理财的书籍，还有一些理财培训班，这都是父母提升财商的最佳渠道。做好了这一点，父母才有资格去教育孩子。

2.父母要养成勤俭节约的好习惯

知道提高财商的重要性之后，父母就要落实到自己的一言一行中，千万不要光说不练。不管买什么东西，都不应该和他人进行盲目攀比，一定要根据自己的经济状况量力而行。很多家长有的盲目攀比的心理。比如，当看到邻居买了一件新商品的时候，为了显得比别人强，很多父母可能就会买一件价格更贵的。试想如果父母们都是这么做的，我们还有什么资格要求孩子去勤俭节约呢？

3.养成储蓄的好习惯

储蓄是积累财富的一个好办法，父母可以把自己每月的工资分成若干份。一部分用于家庭日常生活的开支，例如买米、买面的钱。另一部分用于处理各种人情世故，例如同事或者朋友结婚生子的时候自己随份子的钱。最重要的是要留一部分钱用于储蓄，这一部分钱不到万不得已的时候，一定不可以随意支出。

4.父母要制订一个家庭消费计划表

为了能够更加合理地消费，父母应制订一个家庭消费计划表，把自己每月所必须的开支都列出来，再留下一些应急的钱。父母在制订这个表的时候，不妨让孩子也参与到讨论当中来，了解一下家庭的一些基本消费项目，不知不觉中就接触到了一些理财知识。既然已经制订了一个家庭消费的计划表，就一定要按照计划来执行，谁也不能随意地超出计划。

5.父母应该用正确的途径获取财富

在市场经济条件下，有很多种获取财富的途径，当然这中间有许多是不合法的。尽管如此，很多人还是抱着侥幸的心理加入这个队伍。即使他们也许获得了一些财富，但是他的内心也会备受煎熬，而且早晚都会受到法律的制裁。如果父母用这种方法获取财富，也会让孩子深受其害。因此父母应该用正确的方式获取财富，只有这样，孩子才会在父母的熏陶下诚信取财。

有借有还方能提升财商

一个星期天，小磊的父母带着他去公园玩。他们事先给了小磊 2 元钱，告诉他这 2 元钱是允许他自己支配的，可以用来买他想要的东西。

还没走进公园，小磊就被小摊儿前的棉花糖吸引了，于是吵闹着要让父母给他买。小磊的父母平时反对他吃太多甜食，没有答应他的请求。于是小磊决定要用自己的零花钱去买，他的父母没有反对。小磊显得很得意，高高兴兴地上去问价钱，结果别人卖 3 元钱一支，他自己的 2 元钱不够。

小磊站在小摊前用求助的眼神看着他的父母，可是他的父母并没有伸出援助之手，最后儿子闷闷不乐地走回到父母身边，对他妈妈说道："妈妈，你借我一元钱，回家后我还给你！"

这是小磊第一次表现出借钱意识，于是小磊的妈妈决定利用这个机会，考查一下他的信用意识，并且给他上一堂理财课，于是对小磊说道："妈妈可以借钱给你，但是我有几个条件：第一，一回家你就要还我；第二，今天你已经没有零花钱了，除非爸爸妈妈主动给你买零食，你不能再吃零食了。第三，所买的棉花糖一定要吃完。"

小磊很爽快地答应了妈妈的要求，还主动拉了勾，然后妈妈给了他一元钱，小磊如愿以偿地买到了想要的棉花糖。

之后，小磊一直没有再要求买零食，父母看他表现得很好，还是给他买了他爱吃的雪糕和零食，作为他信守承诺的奖励。

回家的路上，小磊的妈妈提醒他要及时还钱，这个时候小磊有些犹豫了，说道："妈妈，可不可以等到我有压岁钱的时候再还你？"原来小磊不想用他存钱罐里的钱。

小磊的妈妈很坚决地对他说道："你可以晚些时候还我钱，甚至不还也可以。但是从此你在我这儿信用等级降为零，我以后不会再把钱借给你了，等你需要帮助的时候我也不会相信你的保证了。好借好还，再借才能不难。你还是自己决定怎么办吧。"

回到家以后，小磊就从自己的储蓄罐里面拿出了一元钱还给了妈妈，然后小心翼翼地对他妈妈说道："妈妈，下次我还可以借你钱吗？"

妈妈笑着回答道："如果你每次都能说话算数，就能建立良好的信用，我当然会在你需要的时候给你提供帮助。"

现在社会崇尚信用，信用是一切经济活动的根基。作为人的一种隐性财富，信用在人际交往中起着非常重要的作用，因此，培养孩子的信用能力是财商教育中必不可少的一项。父母要培养孩子做一个遵守承诺的人，这不仅是一种品德教育，也可以培养孩子拥有博大的胸襟。

我们常说："小胜在智，大胜在德。"拥有一个好的信用是我们成功的必要前提。有很多人在商场上屡战屡败，这与他们的信用值有着很密切的关系。一切事业上的成就，归根结底都源于他们"做人"的成功。如果孩子将来

走入社会的时候,没有一个好的信用,不仅仅是不利于孩子的理财,甚至会让他在社会上寸步难行。

对于孩子来说,他们是没有金钱来源的,也没有成熟的金钱意识。如果没有一个正确的价值观加以引导,一次平常的经历就可能导致孩子对钱产生错误的认识。例如当孩子遇到财务危机的时候,借钱给他们并不是一件坏事,只要让孩子明白及时还款的重要性,他们下次就会合理地支配自己的零花钱。

相反,如果父母一味地拒绝孩子提前预支零花钱的要求,也会对孩子产生消极的影响。父母可以引导孩子分析清楚自己消费需求,适时、适当地对他进行信用的启蒙教育,在让孩子权衡清楚利弊的情况下,在确定要不要借钱。当孩子长大以后,他们不仅会对偿还债务感到很坦然,而且也能理解债务会在他们的信用记录上留下怎样的印记。

比如,家长可以照常将零花钱发给孩子,然后当着他们的面从里面拿出10%或20%,以此“分期”扣除他们的借款。这既能够让孩子体会到信用的重要性,也能够警醒孩子合理地支配自己的零花钱。

独立的孩子最具财商

松下幸之助是松下电器的创始人,他的童年生活非常地坎坷。在松下出生的时候,一家人的生计都有了问题,更不要说拿出多余的钱来让他去读书。于是,父母不得不把刚刚上小学的松下送到大阪城去打工。

到了大阪以后,松下先到一家火盆店打杂,同时还要帮助老板娘照顾小孩。虽然他对这种生活还算适应,不过由于年纪太小,他经常会想家。每当这时,他就偷偷躲在被窝里面哭泣。谁也不知道,这个小男孩在那样的岁月里究竟流了多少眼泪。

松下在火盆店的主要工作是擦盆子，那时候为了让盆子好看一些，必须用一种叫做木贼的草擦拭，做完一天的工作后，松下疲惫极了。

虽然工作非常辛苦，但是松下一直严格要求自己。每当脑海里有想要放弃的念头时，他就会想到自己肩负着全家人希望，于是又强迫自己一定要坚持下来。

后来火盆店迁到了别的城市发展，老板就把这个勤奋的小男孩介绍给了一个自行车店。于是松下又开始了另外一种生活，每天打扫卫生、陈列商品是他的必修功课，然后还要跟着师傅学习修理自行车的技术。看着那些崭新的车子，松下暗暗发誓，将来一定要给爸爸买一辆自行车。

松下知道，如果一直给别人打工的话，是很难养活一大家子人的，于是他一直在寻找打破这种局面的办法。没过多久，一个转机就悄悄地来到了他的身边。

原来，很多自行车店的客人经常让松下帮忙去买香烟。这时候他就不得不停下手中的活，把自己脏兮兮的手洗干净，然后再迅速地跑到附近的商店。去的次数多了，松下就发现来回这样跑非常麻烦。那时商店正在搞优惠活动，只要一次性购买 20 包香烟就赠送 1 包。于是小松下心中萌生了一个想法：假如自己一次性购买 20 包香烟寄存在店里，就不用再跑到外面买了，这样不仅节省了时间和精力，而且还能给自己带来一点收入，何乐而不为？

说干就干，小松下又有了一个新的身份——香烟代售点老板。很快，这个小男孩就因自己的经济头脑而出名了。有的顾客对自行车的老板说："这个小伙子可不是一般人，将来肯定会干出一番事业的。"

在做学徒工的那些日子里，松下凭借着自己的机敏和努力，掌握了不少做生意的技巧，这也为他以后的成功打下了坚实的基础。

松下后来之所以能够成为电器大亨，这与他过早独立的生活有着密切的联系。只有那些独立的孩子才能够拥有超人的毅力，也更容易培养出高的财商。那些一味依靠别人的人，永远不会有真正的作为。

每个人的身上都有着巨大的潜能，那些在满是荆棘的路上依然咬牙孤

独地前行的人往往会做出一番令世人惊叹的事业。只要把一个人自力更生的精神激发出来,他就有可能取得一番非凡的成就。

这就是为什么很多中国的父母对盖茨捐出所有财产感到很不理解。其实,盖茨这样做恰恰是出于对孩子的爱。他不想让孩子坐享其成,只有这样,孩子以后才会全力拼搏,用自己的双手开辟一片全新的天地。

所以,对于孩子独立意识的培养,父母应该从小抓起。我们要让孩子明白:财富的获取要通过自己的辛勤努力,不要奢望依赖任何人,而那些自食其力的也往往会受到人们的尊重。

那么,怎样做才能让孩子拥有自食其力的意识呢?下面的几条建议,也许会给父母们一点启示。

1.让孩子知道努力是成功的必要条件

父母应该告诉孩子,一个人的努力程度与他将来可能取得的财富是成正比的。世上没有免费的午餐,不努力只能成为财富的弃儿。我们的生活中不乏有这样的人:总是口若悬河地向别人谈论自己的梦想,从没想过付诸行动,有谁会相信这样的人会取得成功呢?

想让孩子明白这个道理,唯一要做的事情就是鼓励他们去尝试、去努力。尤其看到孩子面对挫折时面露难色,我们更要对他们说:"只有敢于坚持的人,才能到达成功的彼岸。如果你渴望最后的胜利,那么你一定要继续努力,而不是在这里空谈!"这番鼓励,会比打骂、说教要更有效果!

2.让孩子勇敢地走出第一步

没有事情是一蹴而就的,父母应该给予孩子一些正面的力量,鼓励他们迈出第一步。这一步相当重要,只要能够坚持不懈地努力,成功就会越来越近。如果孩子空有满腹的财富计划,却不敢付诸实践的话,那么他们永远也不可能得到自己想要的财富。

比如说,在提高孩子财商的时候,父母可以鼓励孩子可以完全支配自己零花钱,父母只给予适当的帮助。只有鼓励孩子勇敢地跨出第一步,他才可能在追求财富的道路上越走越远。

让孩子学习相关法律，学会保护自己的财产

小羽的妈妈是一名律师，平时的法律意识很强。出于自身的职业素质，她平时也会给小羽讲一些法律常识。

有一次，妈妈在家里翻看一件案子的资料，小羽非常好奇，就拿起来看了一下，原来是一起财产纠纷案，妈妈看到小羽认真的样子，觉得可以利用这个机会给孩子上一堂关于财产保护的法律课。

“宝贝，你知道什么是财产保护吗？想不想让妈妈给你讲一讲？”妈妈问小羽道。

“当然可以啊，妈妈，为什么这上面的两个人要打官司？”小羽拿着手中的案子问妈妈。

看到小羽这么有兴趣。妈妈通过一些简单的事例，让小羽明白了财产保护的重要性。从此以后，一些关于财产纠纷的案件，她都会讲给小羽听。渐渐地，小羽不仅获得了很多相关的财产法规，甚至还能提出自己的意见！

在孩子的理财课上，我们不仅要让他们学会花钱和挣钱的本领，同时还不能够忽略对孩子财产保护意识的培养。毕竟，如果不懂得通过法律的手段来保护自己的合法财产，我们传授再多的理财知识也都是在做无用功。

在过去的很长一段时间里，人们对于财产并没有一个准确的定义。当人们提到保护私有财产的时候，很多人都认为是在保护私有制。其实这种想法太过偏颇，父母应该让孩子明白，私人财产本身并没有善恶之分，为了保护公民合法的财产，国家曾先后颁布了很多保护个人财产的法律法规。

在我们的现实生活中，经常会出现一些个人财产受到侵害的现象，有些缺乏相应法律知识的人在面对侵害时显得不知所措，有的人干脆就不了了

之。可是这样做就只会让那些恶意侵犯他人的犯罪分子更加嚣张。

在培养孩子财商的时候，父母要让孩子多学习一些与财产相关的法律法规，让孩子对一些重要的财产知识有一个大概的认识，只有从小树立起孩子的这种法律意识，让孩子学会依法办事，那么，当孩子的合法财产受到侵犯的时候，那么孩子就会勇敢地拿起法律的武器，维护自身的合法权益。

而在这个过程中，还有哪些方面是父母需要注意的呢？

1.做有较强的法制观念的父母

要想让孩子了解一些关于财产保护方面的法律常识。父母首先就要做一个有法制观念的人。注重加强自身的法律意识修养，给孩子树立一个优秀的榜样，如果父母平时就不懂得如何用法律维护自己的合法权益，就别提孩子能有多强的法律意识了。

2.让孩子明白什么是私人财产

对于我们来说，需要保护的财产最主要的就是指私人财产。对于孩子来说，私人财产主要就是包括自己的书包、课本、自行车、公交卡等。为了帮助孩子更好地理解，父母可以拿出一些物品来，让孩子分辨一下哪些属于私人财产。

当孩子明白了哪些东西是自己的私人财产之后，父母就要告诉他们，每个人都有保护自己合法财产的权利，我们要学会合理利用自己的这份权利。

3.让孩子的视野更加宽广

当孩子学会保护自己的合法财产之后，父母不妨去拓展一下孩子的视野。让孩子走出去，站在更高的层面审视财产保护的现状。父母还可以给孩子讲一些财产受到一些非法的侵害的事例，帮助孩子了解财产保护的重要性。

4.让孩子明白学以致用才是最重要的

在教授孩子法律知识的时候，父母不要只是单纯地讲一些理论的东西，既不会吸引孩子的兴趣，又不会产生什么好的影响效果，我们学习这些知识毕竟不是为了向别人炫耀自己知识的渊博，最重要的还是学以致用。父母可以鼓励孩子平时多看一些法制频道，看看经常用到的财产保护知识有哪些，一旦自己的合法权益受到侵害的时候，就要勇敢地拿起法律的武器维护自己的合法权利。

让孩子学会快乐理财

当斌斌6岁的时候，妈妈就开始为他提供零用钱。于是，每个星期都会给他20元用来买零食。一开始，他每天都要去买一点东西，每次买完东西，妈妈就会告诉他余额。有时还不到一周，他的钱就花得差不多了。

慢慢地，斌斌开始明白商品和钱的关系，他发现只要自己买的东西越少，那么坚持的时间就会越长，倘若一周的零花钱没有用完，那么和下周的钱累积起来就会有更多的钱。而且，斌斌在买东西时，也开始关注起商品的价格，妈妈告诉他，如果想要买贵一点的东西，可以将钱攒起来然后再买，但是斌斌却不愿意这么做，宁可买便宜的东西，也不愿意将钱攒起来，因为他觉得买东西的时候非常快乐。同时，他开始控制所买东西的价格和数量，这样，他每周的零用钱都会有剩余。

随着斌斌对玩具的需求越来越多，妈妈又单独给了他一些买玩具的钱，让他自己管理和支配。在这个过程中，妈妈建议他在网上购买，这样会节省一些钱。但斌斌往往都会在商店买一件玩具，剩下的就选择在网上购买，这样既省钱又能满足他立刻拥有玩具的需求。渐渐地，斌斌在购买零食和玩具的过程中，也学会了一些简单的价格计算公式，利用几元几角，斌斌还学会了小数点的计算。他计算的准确度和速度常令妈妈感到吃惊，就这样，在快乐的购买中，斌斌的理财能力逐渐提高。

人在快乐的情绪中做事情都会非常的顺利，理财也是如此。在培养孩子财商的时候，父母一定要注意方式的选择，要用那些孩子比较乐于接受的方

式,这样孩子学习起来才会比较轻松。

从前面的案例中我们可以看到,虽然妈妈给了斌斌一些指导,但斌斌有自己的想法,妈妈的方式并不一定适合自己,最终他自己找到了一种让自己很快乐的理财方式。这,其实正是提升孩子理财能力的最高水准。只要我们能够正确引导孩子,那么孩子就能成为和斌斌一样的理财小达人:

1.学会智慧地用钱

很多人都觉得自己的钱不够花,不是他们赚的不多,而是因为不当的用钱方式,因此,我们一定要指导提前做好各种开支的预算工作。除了习惯性储蓄,不使用未来的钱以外,也不要让他们养成随便借钱的习惯。另外若以一些不正确的手段去赚钱,最终只会伤害自己和家人。只有踏踏实实地赚钱才是根本。

为了帮助孩子更好地理解智慧用钱的重要性,父母每过一段时间可以和孩子一起来分析一下零花钱的消费方向,看看是不是合理地支配。一旦发现孩子有不合理的消费现象时,父母一定要及时地给予纠正。

2.学会快乐地支配钱

钱的作用就是用于流通,我们要让孩子明白这一点,如果每天能够这样对自己说:“我愿意与别人快乐地分享我的钱。”我们在支配金钱的同时也会收获一种别样的快乐。只有抱着这种豁达的态度,我们在支配自己钱的时候才会更加的从容,不必因为一时的失去还郁闷不已。

同时,只有让孩子处在这种快乐的心境下,他才能更能体会到理财的乐趣。

3.消费符合孩子的价值观,拒绝贪念才能快乐

有的人花钱的时候挥金如土,有些人却“一分钱掰成两半花”。那么,父母应该怎么教育孩子正确地看待金钱呢?

父母可以这样告诉孩子:“钞票只是一种财富的象征,因为有了钞票,我们的交换行为变得更加的方便,世界也因此而渐渐地融为一体。钱多的话固然可以买到很多难得的物品,但一味地追逐金钱只会让我们变得越来越不开心，而且很有可能会因此而失去一些像亲情、友情这些珍贵的东西。因此我们一定要树立正确的金钱观念，只有拒绝贪念才能获得真正的快乐。”

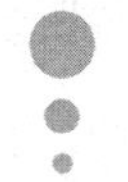

让孩子尝尝“负债”的滋味

小娜的妈妈平时很注重孩子的财商教育，为了提高小娜理财的能力，她一直让小娜为自己的消费买单。

有一天，小娜和妈妈一起去逛超市，她看上了一款新出的点读机，可是自己存下来的零花钱并不够，小娜看上去非常沮丧。

看到女儿这个样子，妈妈安慰道：“我知道你的钱不够，可是只要你能够按时归还，妈妈可以借给你啊！”

“这是真的吗？我保证一定会按时归还的。”小娜兴奋地说道。之后，妈妈给了小娜300元，而小娜每个月还30元，一年还完，这样一年总共是360元，其中60元属于妈妈的利息。虽然这笔钱的利息有点高，可是小娜的妈妈觉得非常有必要让孩子尝下负债的滋味。

“负债”在财商上面是一个中性词，它并不都是坏处，有时候反而好处很多。负债的好坏需要用现金流来判断，当负债以后增加了收入，那它就是创造财富的有效工具；当负债的情况越严重的时候，负债就变成了一件坏事。一般人都把负债看做一件坏事，其实财商高的人都喜欢去负债。负债运用的好坏，完全取决于你的财商。

让我们去纵观那些成功人士，他们中的大多数都喜欢负债，他们是负债高手，用别人的钱为自己创造更多的财富。

所以，在培养孩子财商的时候，父母也应该让他们辩证地看待负债的作用，那么，父母应该做些什么呢？

1.让孩子了解什么是负债

在给孩子在讲负债的时候,如果给孩子讲一些枯燥的现金流、资产等概念,孩子很有可能不会理解。当然,我们也不需要让孩子深知这些理论,只是让他们多少了解一些这方面的知识,可以让他们增加对东西内在价值的认识,这对提高孩子财商是很有帮助的。为帮助孩子更好地理解,父母可以这样对孩子说:“当你的钱不够,需要向别人借钱的时候,这时你就处在负债的情况之下,而你必须在规定的时间内按时归还给别人。”

2.让孩子明白信用的重要性

让孩子明白什么是负债之后,还要让孩子知道按时还款的重要性。比如说当孩子向父母借钱,没有按时还的时候,父母可以对孩子说:“你不按时还钱不重要,但是下次想要向我借钱的话就比较难了,我是不会借钱给一个不讲信用的人的。”听了这样的话之后,孩子自然也就明白信用的重要性了。

3.和孩子一起玩负债的小游戏

为了让孩子更深刻地体会到负债的含义,父母可以和孩子玩一些关于负债的小游戏。比如父母可以借给孩子 100 元(虚拟钞票),然后给孩子商定每个月的利息,并和孩子说好还款的日期。随后可以观察孩子是怎么“用”这些钱的。在这个过程中,父母可以了解到孩子是如何理财的,一旦孩子不知道怎么办的时候,父母还可以给予适当的指导。

孩子不可不知的税收知识

小秋的父母都是做烟酒生意的,平时的事情特别多,每当小秋过星期天的时候,她都会到爸爸妈妈的店里帮忙。

时间长了小秋发现,每过一段时间,爸爸妈妈都要去税务局缴税,小秋有点不明白,就问妈妈税务局是干什么的,为什么每月都要给他们缴钱。

妈妈笑了笑,解释道:"每个公民都有缴税的义务,我们每个月缴的钱都交给了政府,但是我们也不是白交的,政府会利用这些钱做一些公共基础设施的建设来方便群众,比如说建学校、修路,等等。所以说,纳税是一件很光荣的事情!"

小秋听明白以后,笑着说道:"我以后也要做一个按时纳税的好公民!"

父母要让孩子明白,税务征收是国家建设的主要来源,在国家的建设中起着非常重要的作用。孩子长大以后,不可避免地会接触到一些税务知识,父母们如果提前能让孩子明白的话,必然有助于他们将来成为一名按时纳税的好公民。

税收的知识包括很多方面,对于孩子来说,我们只需要让他们了解一些基本的知识就可以了,那么,哪些税收知识是孩子需要了解的呢?

1.让孩子知道为什么要纳税

在告诉孩子税收的知识之前,我们首先要让孩子了解一下我们为什么要纳税。当孩子问起的时候,父母可以通过身边的一些事例来帮助孩子理解,比如可以这样对孩子说:"税收是保证我们国家机器正常运转的一个重要保证。就像街上巡逻的那些警察叔叔一样,他们并不是义务劳动,可是如果没有他们在那里辛勤地巡逻,社会的安全会受到严重影响。可是他们靠什

么报酬来维生呢?就是用我们所缴纳的那些税。除了警察,还有一些其他的公职人员的工资都是如此。所以,只有我们每个人都按时缴税,我们的社会才能正常的运转下去。”

税收的作用还有很多,但是通过孩子经常接触的事情说起,可以更容易帮助孩子理解。

2.了解一些基本的税种

税收的种类按照不同的分类方法可以分为很多种,主要有关税、个人所得税、增值税、营业税等。对于我们大多数人来说,和我们个人密切相关的就是个人所得税了,因此,父母可以先告诉孩子个人所得税是指什么。父母可以这样对孩子说:“个人所得税的多少主要是依据个人的收入,收入高的就要相应地多交一点,也就是多为社会做一点贡献。这也是为了促进社会公平。”听了这样的解释之后,孩子就会对税收有一些基本的了解,父母以后可以再给孩子讲一些其他的税收知识。

3.了解一些其他国家的税收制度

在给孩子讲税收知识的时候,父母可以多做一些制度上的对比,让孩子知道各个国家的税收特色,加深他们对税收的理解。

比如说,父母可以和孩子讲讲正在饱受战争痛苦的国家为什么越来越窘困,战争会不会影响税收?同时可以和孩子讲一些税收制度比较规范的国家的发展现状,比如以荷兰为例,他们国家就有相当完善的社会保障制度,失业有失业金,伤病有伤病金,而且国家对儿童实行12年的免费教育。从而让孩子知道税收的重大意义,明白纳税是义务也是责任,它直接关系到国家的稳定。

甚至,我们还可以拿古代中国的历史事件来说明不良的税收制度对国家产生的重大影响。或者,税收在某些地方被贪污不能上交国库可以导致政府能力下降,并导致国防空虚等情况,这些事例都能帮助孩子进一步理解税收。

发掘孩子的财商天赋

小强是一名大三的学生，他的爸爸妈妈都是十分精明的商人。由于自身的职业原因，小强的父母知道提高孩子财商的重要性，因此在小强很小的时候，父母就开始对他进行财商教育。

小强上学以后，父母就把孩子买零食、买学习用品的零用钱的权利完全下放到了小强的手里。小强可以支配自己的零花钱，但是应该做好记录，当零用钱花完的时候，父母也不会再次给予资助。这时如果他急需用钱的话就得向父母借钱，并写下一张欠条，而且还要说什么时候还钱。

当然，考虑到小强年龄比较小，还不具备还款的能力，父母只不过是让他做一些力所能及的家务活来还款。在父母的指导下，小强的理财天赋渐渐凸显出来，他把自己的零花钱一直计划得井井有条，每逢过节的时候，还会用自己积攒下来的钱给父母买一些小礼物。

进入大学校园以后，父母每个月给小强提供600元的生活费，每次小强都会给自己制订一个支出计划，也从来没有因为冲动而买下一些不是必需品的东西，他信奉货比三家的消费原则，因此总能节省下不少的钱。

在大学毕业以后，小强已经有了一笔很可观的收益。

和小强相比，他的同学小磊的表现则让人有些担忧。小磊的爸爸妈妈都是公务员，从小就非常宠爱小磊，他们对孩子的关爱几乎到了令人瞠目结舌的地步。在小的时候，他们从来没有让小磊自己买过东西，因此小磊和钱接触的机会并不多，也不知道怎样有计划地支出，更别说自己主动去赚钱了，等到上大学以后，家里人给小磊提供每个月的生活是1500元钱，尽管如此，他每个月都还要借钱度日。

从这个事例我们可以看出来，良好的财商教育将会对孩子产生深远的影响。就像事例中的小磊一样，因为父母没有在他的小的时候进行财商方面的培养，最终导致了小磊上大学以后钱总是不够花。

其实，每个孩子在财商方面都是极有天赋的，就看父母能不能够去发掘这方面的潜力。

如果父母不想让自己的孩子成为理财能力差的弱者，那么，从现在开始就应该对孩子进行财商教育了，把孩子的理财天赋激发出来。那么，父母应该从哪些方面做起呢？

1.父母应该时刻提醒自己培养孩子的财商

每个父母都希望自己的孩子将来能有一个好的未来，过上幸福美满的生活。因此很多父母都在努力工作，竭尽全力想要给孩子积累一些财富，殊不知，这种想法是不正确的。当下父母迫切要做的，不是给孩子挣多少钱，而是培养他们的理财能力，这才是让孩子过上好日子的根本保障。因此，父母一定要时刻提醒自己培养孩子的财商，主动采取各种方法让孩子的财商得到有效的提高。

2.不要错过对孩子进行财商教育的最佳时期

对于孩子来说，培养他们的理财能力也是有关键期的。研究证明，孩子的年龄越小，受到的财商教育成效也就最大。因此，父母一定要抓着这个关键期提高孩子的财商，不仅可以节省时间和精力，取得的效果也会很显著。

3.全面提高孩子的财商

我们通常说一个人的财商高低，并不是简单地指他的赚钱能力，我们还要从多方面全方位考察，比如说他是怎样管理这些钱，平时的消费理念和消费特点是什么、是否制订了合理的支出计划、是否有良好的储蓄习惯以及能否用法律法规保护自己的财产等一系列的技能，只有让孩子具备了各方面的能力，这才是财商的真正提高。

例如，父母可以在每个月末给孩子得理财能力做一个综合小测评，做得好的地方要给予一定的鼓励，不好的地方还要及时指出，只有这样，孩子的理财能力才会得到全面的提升。

4.从细节做起

提高孩子的财商不是一蹴而就的事情，一定要综合考虑各方面的事情，更要重视一些细节问题。作为父母，我们要经常观察孩子的消费习惯，了解孩子的支出情况，一旦出现盲目消费的迹象就要及时制止，防止铸成大错。

金钱奖励到底应不应该

在一次教子培训课上，一位老师向家长们讲了两个故事。第一个故事是：

新学期伊始，小云就迫不及待地问妈妈："妈妈，这学期我考好了你奖励我什么？"

听到女儿这样问自己，小云的妈妈反问道："你想要什么？只要你取得好的成绩，你想要什么妈妈就给你买什么。"

"我想要一个新的书包。"小云回答道。就这样，小云和妈妈在不知不觉中就达成了一种默契：考得好，父母就应该给予奖励！

第二个故事则是这样的：

肖琨是一个正在上小学二年级的学生，由于是家里面的独生子，从小备受宠爱，可是他的学习成绩却一直不怎么样。家教老师辅导一段时间后，他的学习成绩有了明显的改观，考了有史以来第一个 100 分，全家人都准备为他好好地庆祝一下。奶奶、爸爸、妈妈、表姐、表妹、七大姑八大姨聚到一起，先带他去玩具城给他买了一大堆的玩具，又到豪华的饭店好好地吃了一顿。

后来，孩子又考了一个 100 分，老规矩，全家又是带他去吃、去玩。在这种物质的激励之下，孩子的成绩越来越好，可总这么买、这么吃，家里怎么受得了？后来，家里面就降低了他的这种待遇。不料，他不依不饶，把家里闹得

鸡犬不宁。

听完老师的故事，所有的家长都陷入于沉默之中。

在当今社会，用金钱来激励人心已经成为一种社会常态。尤其是在家庭教育中，很多父母都运用这种办法，有的甚至起到了非常显著的效果。每一位父母看到自己的孩子进步了，为了让孩子取得更大的进步，父母都会对孩子进行一些奖励。刚开始，父母可能只是想用一份小礼物来鼓励孩子，可是随着孩子的要求越来越高，父母可能就要反思了，这样做真的会帮到孩子吗？

《经济学论纲》中曾经提到过这样一个观点：人性中一个非常显著的特点，就是要用物质来满足需求，当这种需求不能得到及时、足量的保证时，就要产生负面的效果了。既然我们不能保证永远都满足孩子的所有要求，我们在奖励的时候就一定要掌握一个技巧和分寸的问题，那么父母究竟应该怎么做呢？

1.适度的金钱奖励

不可否认，只要把握好分寸，金钱奖励确实能够对孩子起到激励的作用。所有我们不能全盘否认这种奖励方式，只不过在实施的过程中需要把握一些细节问题。比如说，父母可以用一些价值比较小，又比较有意义的奖励方式，可以带孩子外出旅游，或是带着孩子去看一场他喜欢的电影，这些奖励既肯定了孩子的进步，又进行了一次良好的亲子互动，可谓是一举两得。还可以引导孩子把奖励的钱存起来，既达到了鼓励孩子的目的，又让孩子学到了一些理财知识。

2.情感慰藉代替物质奖励

当父母需要鼓励孩子的时候，还可以采取情感慰藉的方式。比如，孩子考了 100 分，父母可以对孩子给予充分的肯定，不妨这样夸赞孩子："你怎么这么棒啊！又考了 100 分，妈妈真为你感到骄傲！"

其实，这样的情感奖励往往会让孩子更有成就感。而物质奖励有时让孩子觉得是为父母而学，反倒违背了我们的初衷。

3.让孩子明白奖励的意义所在

当父母给予孩子物质奖励的时候，可以这样对孩子说："爸爸妈妈之所以会奖励，就是因为看到孩子进步了，爸爸妈妈很高兴，但并不是你的每一次进步，都意味着爸爸妈妈要给你买礼物。你所付出的努力都是为了你自己，你不是为了得到礼物才努力的。"

让孩子知道供给和需求之间的微妙关系

有一天，妈妈带着6岁的小凯到超市购物，当小凯走过水果区的时候，他忽然摇着妈妈的手说："妈妈，我想要吃葡萄，咱们买点回家吃吧！"妈妈停下来看了看价钱，竟然是18元一斤。

"儿子，上周阿姨来看你的时候不是买过吗，过几天咱们再买好吗？"妈妈很认真地对孩子说道。

"我不想再等几天！我现在就要吃！"小凯不情愿地嘟囔着。

"那好吧，不过你先要帮妈妈去看一下，葡萄是多少钱一斤！"妈妈说道。

"嗯，好的，我现在就去看。"看到妈妈有买的意向，小凯变得很高兴，他蹦蹦跳跳地地来到货架前，仔细地看了看，然后回来对妈妈说道："葡萄的价钱是18元一斤。"

"你说的没错，可是你知道吗，现在我们拿18块钱只能买一斤葡萄，等到夏天的时候，我们几乎可以买到6斤葡萄。你知道这是为什么吗？"妈妈想用自己的方式引导孩子加深对商品的供求与价格的思考。

"对啊，妈妈你快点告诉我，为什么现在的葡萄这么贵，到了夏天却又那么便宜呢？"小凯充满好奇地问妈妈。

看到小凯已经有了兴趣，妈妈知道自己应该切入正题了。于是开口说

道:“因为现在是冬天啊,葡萄不是在这个季节成熟的,我们现在看到的葡萄是通过一系列的保鲜技术手段才保留下来的,因为数量有限,价格自然也就高点。等到夏天来的时候,葡萄差不多都是同时熟的,批发商会一车一车地从果农那里批发葡萄来出售,由于产量很大,价格自然也就低了。”

“哦,原来如此!既然现在这么贵,那我们就少买一点葡萄吧!”小凯似乎已经领悟到了妈妈的意思。

小凯妈妈的做法很聪明,她能够及时抓住机会,运用发生在自己身边的例子来告诉孩子一个深刻的道理。让孩子尽可能多地学习到相关的经济知识。如果只是一味地说教,很可能还会产生相反的效果。

也许有的父母会觉得,这种知识孩子值得懂得么?其实,这种简单的供需关系,很有必要让孩子了解一下。美国著名的经济学家萨缪尔森说过这样的一句话:“只要你能够掌握供给和需求的关系,你就会成为一个精明的经济学家。”由此可见,在对孩子进行财商教育的时候,千万不要忘了让他们学习一下供给和需求。

对于我们大多数人来说,供需关系最直观的表现就是商品价格的波动。当商品供大于求的时候,价格自然就会低一点。当商品供小于求的时候,商品的价格就会相应地拔高。只要让孩子参与到经济活动中来,孩子就能慢慢体会到供需对市场的影响。

为了达到这个目的,父母们不妨从以下几个方面做起:

1.父母要让孩子知道什么是供求

为了帮助孩子学会合理地理财,非常有必要让他们了解一下供求的关系。父母可以告诉孩子,生产者在利益的驱使下,一定要考虑消费者的需求。这样就可以避免了因为过度生产而造成的浪费资源,同时也可以避免因为生产的产品数量过少而错过了市场良机。

2.让孩子知道供求和价格的关系

价格往往就是供求关系的直接表现,在市场经济中,价格可以起到调节供应和需求的关系。父母可以利用生活中的一些实例来帮助孩子理解这个问题,比如可以这样对孩子说:“当市场上的某一种商品数量过多的时候,就会经常搞一些打折促销的活动,就像我们经常可以看到各种各样的饮料的促销活动;相反,当市场中的商品比较少的时候,商家就会以提高该商品的价格,就像商场的那些奢侈品专柜一样,价格总是高得惊人。”通过讲述这样的实例,孩子自然也就明白供求与价格的关系了。

3.购物的时候让孩子留心商品价格的变化

在日常生活中,父母应该多给孩子出去购物的机会,让孩子留心商品的价格有什么变化。比如说,妈妈可以带着孩子去邻近的农贸市场,通常情况下,一些产地较近的时令蔬菜的价格就比较低,而那些产自外地或是非时令蔬菜的价格相对来说就会高些。只要孩子进行稍微的对比和观察,就会发现供求和价格之间的微妙关系,这对孩子了解供求关系是一个既简单又实用的办法,父母们不妨尝试一下。

花巨款让孩子出国留学要慎重

小宇的父母是做外贸生意的,家境富裕,高中刚毕业的小宇就被父母送到了英国留学。

到了那里以后,小宇没把主要精力放在学习上,反而被酒吧、赌场所吸引。每天都在找机会怎么请假,或者是泡在酒吧赌钱。到后来,他就不再想着上学的事情了,一心只想着能赢钱。

才到英国一年多的时间,小宇就把家里给的100多万元人民币全部输光。而此时他的出勤率不到10%,连最基本的英语口语交流都磕磕巴巴的。学校在多次警告无效的情况下,将小宇的情况通报了移民局,当小宇再次去移民局注册的时候,相关的工作人员将其留学签证注销并遣送回国。

其实，像小宇这样的例子不胜枚举。由于在国外没有父母和老师的监督，加上本身的语言基础比较薄弱，根本就听不懂老师讲的是什么，一些留学生经常逃课前往赌场等娱乐场所赌博，不仅把学业给荒废了，也浪费了美好的青春时光。

为了让孩子将来拥有一个美好的未来，不少父母不惜花大笔钱将孩子送出国。据留学专家杨晔保守计算，一个在美国读完大学本科的孩子，总共花费将超过150万元人民币。但是，让许多家长痛心疾首的是，虽然花费了这么多的钱、浪费了大量的宝贵时间后，孩子不仅没有学成而归，反倒有了一些比在国内更严重的问题。下面的例子就是一个很好的说明。

2006年，杨先生高兴地把自己的女儿送上了飞往加拿大的飞机。女儿一直是家人的骄傲，从小到大一直在重点学校就读，经过慎重的考虑，一家人决定高中后把女儿送到加拿大上大学。虽然那需要不少的一笔钱，但如果留学能把女儿培养成一个兼具东西方教育精髓的优秀人才，这笔钱花得还是很有价值的。

女儿刚到国外的那段时间，一切似乎都很正常，她不时通过电话、E—mail跟家人交流在国外生活学习的新奇感受。渐渐地，杨先生开始感觉到了一种异样，因为女儿在言谈中的困惑、烦躁、抱怨的情绪越来越多，有针对老师的，更多的是针对自己的同学。后来，女儿也不像之前那样和家里频繁地联系了，甚至在长达两个月的时间里，女儿更是一点消息都没有，杨先生通过各种渠道联系她，都没有一点音讯。

长时间没有女儿的消息，杨先生以为远在加拿大求学的女儿突然“失踪”了，一家人简直是心急如焚。后来经过多方打探，终于得知女儿的下落：原来，因为跟不上学校的课程，这给一向很优秀的女儿带来了极大地伤害，加上处理不好与老师和同学的关系，女儿陷入严重的自闭状态，失去联络的那些天一直把自己锁在屋子里，没有跟任何人接触。

杨先生一家知道情况后，真的是后悔莫及。

之所以造成这样的悲剧，就是因为杨先生一家盲目地跟随“出国潮”，没有考虑孩子的性格是不是适合出国留学，非但没有达到当初的意愿，反而让给孩子的身心健康带来了极大地伤害。

那么，出国留学的话父母都需要考虑哪些基本问题呢？

1.经济条件要宽裕

这是我们首先要考虑的问题，我们常看到一些经济条件很差还要赶出国热的父母，借了一大笔钱把孩子送出国门，事实上对孩子却并没有多大的帮助，反而加重了家庭的经济负担。同时，对于有些孩子来说，这种负担在无形之中就可能变成了孩子身上的一种压力，孩子当然不会心无旁骛地在国外学习。

2.根据孩子的能力出国

有的父母孩子花几十万甚至上百万元让孩子去国外学习，就好比家长在与孩子的未来赌博。孩子从国外学成回来，并不一定有施展自己的才华的机会，根据中国当下的国情，由于个人为人处事的方式可能不一样，也许并不能和同事们融洽相处，反而不利于孩子的发展。

因此，如果孩子有真才实学，自己考进国外的大学，而且家里边的条件又允许，家长应该支持他留学；但如果要家里人掏钱让他国外自费读书，就完全没有这个必要了，其实国内的有些学校并不比国外差多少。

第四章

零花钱

理财第一课，从管理零花钱开始

对于孩子来说，零花钱是他们最早接触到的一种金钱类型，所以零花钱的管理对孩子来说也是一门理财重头课！在这方面，父母既要帮助孩子学会存零花钱，又要教会他们合理地运用零花钱，更重要的是激发孩子自己赚取零花钱的潜力！只有这样，才可能让孩子在未来的理财道路上越走越远。

合理地使用零花钱

小刚是一名小学五年级的学生，之前爸爸每个月给小刚提供200元的零用钱，可是往往还没有到月底，小刚身上就没什么钱了。爸爸知道这种情况后，以为自己给的钱太少了，于是每个月又给他多加了100元，可是对小刚来说依旧是不够花。最后爸爸把每月的钱加到了400元，情况依然没有得到好转。

小刚就像那些刚刚参加工作的年轻人一样，很快就成了一名“月光族”成员，不过和真正的“月光族”相比，他不是靠自己的能力挣的钱，而是从爸爸那里不费吹灰之力得来的。

原来，每次爸爸把零花钱给小刚的时候，小刚就会疯狂地消费一番，和同学一起玩游戏，去溜冰场，而且基本上每次都是他买单，听着同学们对他慷慨行为的赞赏，小刚心里边也非常高兴。可是过不了多少天，摸着口袋里所剩无几的钞票，小刚就开心不起来了。

每到这个时候，小刚就会为自己之前的盲目消费而后悔，可是，钱已经花出去了，再后悔也没有任何作用。于是小刚就只能在心里面盼望着爸爸能够早点给自己零花钱。看着别的同学还可以随心所欲地买自己喜欢的东西，小刚的心里别提有多嫉妒了。他暗暗地告诉自己，下次一定要有节制地花零花钱，可是等到爸爸给钱之后，小刚早已经把自己“穷困潦倒”的情景忘得一干二净了，于是又开始重复着以前“月光族”的生活。

父母给孩子零花钱，通常是为了让孩子自己学会安排必要的费用支出，能够有一点理财意识。但是如果没有父母给予正确地引导，最终会导致事与愿违。小刚的爸爸之前一味地给小刚增加零花钱，并没有想过小刚的钱为什么不够花，从而忽略了对小刚的在合理使用零花钱方面的教育。

父母应该明白这样一个道理：无论孩子有没有属于自己的零花钱，他们将来长大后都要面对家庭、面对社会负起应有的财务责任。如果孩子从小就能够合理地支配自己手中的零花钱，这对他们将是一个很好的锻炼，这样的孩子长大以后，处理起财务问题时也会得心应手。

1.告诉孩子什么是零花钱

要想让孩子合理地支配零花钱，父母首先要做的就是向孩子解释零花钱的概念，以及怎样合理地使用，决不能让孩子认为零花钱是父母“理所当然”应该给他们的。而且父母在给孩子零花钱方面一定要“自律”，否则很容易导致孩子和同学进行攀比，最终反受其害。

2.树立财务目标

在父母指导孩子支配零花钱的时候，很重要的一点是，要和孩子一起确立财务目标，也就是说对自己近期、长期的消费要有一个规划。要知道，在和孩子一起讨论财务目标的时候，不但可以让孩子感到自己受尊重，而且还可以在潜移默化中教他们怎样实现财务目标。当最终实现这个目标时，孩子会从中受到极大鼓舞，很有成就感。

比如说，孩子想买一台点读机，之前他已经攒下了一些钱，可是还差那么一点。这时候父母就可以用商量的口吻对孩子说：“买点读机还差多少钱？为什么不通过自己的努力去挣一些钱呢？这样得到的钱也会更有意义。我相信你可以做到的。”孩子听了这样的话后，一定会加倍努力，争取早日凑到这些钱。当孩子最终通过自己的努力买到想要的东西后，一定会非常自豪，而这种自豪感对孩子的健康成长和财商培育起着非常大的作用。

3.父母多讲述一些相关的财务知识

在了解一些财务目标的知识之后，父母还可以根据孩子的接受能力，帮助他树立起“资产”、“负债”的概念，了解基本的财务知识，慢慢学会承担相应的财务责任。如果孩子手里拿着零花钱却不知道怎么花，对他的成长也是极其不利的。

由此可见,父母一定要对孩子在支配零花钱方面进行科学的指导,帮助孩子设立合理的财务目标。由于孩子年龄小,在很多方面都不能考虑地很全面,所以父母及其他长辈有责任教他怎么做。只有这样,零花钱才能够发挥出它真正的作用,及时引导孩子合理消费。也是对孩子进行理财教育的绝佳机会。

零花钱也要存起来

王女士有一个7岁的女儿,像其他的小姑娘一样,女儿对芭比娃娃情有独钟。她经常把芭比娃娃所有的服装都放在一起,然后自己给芭比娃娃搭配服装。有时候看着芭比娃娃在自己的精心打扮下变得光彩夺目,她的心里别提有多高兴了。

一天早上,王女士的女儿对她说道:"妈妈,我们班的小红刚刚买了一款最新的芭比娃娃,非常好看。我也想要一个,您能不能给我也买一个啊?".

"你知道她是在哪里买的吗?要不咱们先一起去看看吧?"妈妈说道。

"小红给我说过哪里有卖的,我带你去。"女儿以为妈妈已经答应给她买了,简直高兴极了。随后,她们来到了一个大型商场的玩具店,女儿兴高采烈地指着那个芭比娃娃说:"就是它,就是它!"

王女士仔细地看了看那款新的芭比娃娃,然后很认真地对女儿说出了自己的想法:"我觉得认为这个芭比娃娃很一般,还没有你收藏的那些漂亮。另外,价格也偏高,我觉得还是没有必要买。"

听到王女士拒绝的话语,女儿突然变得很不高兴,她撅着小嘴说道:"这些都是借口,看来你根本就不想给我买!"

女儿知道王女士是不会轻易改变已经决定好的事情,所以她没有再说什么，跟着妈妈离开了玩具店。回到家后，女儿小心翼翼地对王女士说道："妈妈，我以后可不可以把你给我的零花钱存起来一点？"

"当然可以，这个想法很好啊！可是你要存零用钱做什么呢？"王女士当然知道女儿这么做的原因，但还是问了出来。

女儿很认真地回答道："我想用自己存起来的钱买那个芭比娃娃！"

自从这件事之后，当女儿再想买什么东西的时候，王女士就不再着急做决定了，她只会问女儿存下的零用钱够不够支付想要购买的东西。

现在有很多父母给孩子的零花钱远远多于孩子的实际需要，很多孩子拿到零用钱之后会在很短的时间内把它们全部花光，更不要说每月的结余了。这显然不利于孩子理财能力的提高，没有限制的消费只能助长孩子乱花钱的恶习。

父母在给孩子零花钱的同时，还应该不失时机地让孩子开始学着储蓄。既可以培养孩子养成勤俭节约消费习惯，又可以让他们形成用积攒下来的钱买自己想要的"贵重"物品的观念。

当然，让孩子学会主动存自己的零花钱并不是一朝一夕的事情，需要一个循序渐进的过程，父母们可以从以下几个方面做起：

1.存钱罐上下工夫

对于孩子来说，主要的存钱工具就是存钱罐了。父母可以根据孩子的喜好来为孩子选择合适的存钱罐。现在市面上有很多卡通形状的存钱罐，父母可以给孩子选择一个他喜欢的卡通形象，这样很容易激发孩子存钱的兴趣。此外，还可以给孩子买一个透明的存钱罐，这样一来孩子就可以很清楚地看到存钱罐里钱币数量的变化，在钱币越来越多的过程中，孩子可以享受到不一样的乐趣。

2.为孩子开设家庭银行

当孩子了解了一些储蓄的基本知识后，父母不妨为孩子开设一个家庭银行，可以和孩子的存钱罐双管齐下。不过父母要给孩子讲清楚两者的不同之处。拥有存钱罐的好处是简化了存钱的手续，需要花钱的话就可以随时

拿,如果孩子把钱放到家庭银行当中的时候就要履行一定的“手续”,把钱放入家庭银行以后,父母要给孩子支付一定的利息。这样一来不仅让孩子养成了存钱的好习惯,还可以让他认识到储蓄的好处。当然,在家庭银行实行的过程中,也是对父母和孩子信用的一个考查。

3.帮助孩子树立一个储蓄目标

一个合理的储蓄目标也可以激发孩子储存零用钱的兴趣。父母可以根据孩子的需要,帮助其制订一个储蓄目标,然后把储存零用钱和他们梦寐以求的东西联系起来,当他们意识到储存零用钱是为了实现自己的梦想的时候,他们也就有了存钱的动力。例如,父母陪孩子逛商场的时候,如果孩子喜欢上某一件商品,父母可以帮助孩子制定一个存钱计划,让孩子通过自己的努力来购买自己想要的东西。

父母在这个过程中需要注意两点:一、在给年龄小的孩子制定目标的时候,要注意选择那些在短期内就可以实现的目标。如果是那些太难实现的目标,往往会消退孩子存钱的热情。

二、当孩子达到了之前的设定的储蓄目标时,父母要进行及时的表扬和肯定。孩子有了成就感,自然也就会坚持下去了。

零花钱也能自己赚

阿木是一个10岁的小学生,他的家庭条件比较差,因此父母给的零花钱非常少。

有一次阿木和同学一起去逛商场。在一家玩具店,阿木看上了一款新出的舰艇模型,简直是爱不释手。在询问了售货员价钱之后,阿木傻眼了。他所看上的那款舰艇要两百多元才能买到,这对别的孩子来说也许并不是很多,可对于阿木来说却是一笔巨款。

回到家后，阿木向妈妈说出了自己的请求，妈妈很无奈地告诉他，因为奶奶生病，家里花了很多的钱，现在没有多余的钱给他买玩具。听了妈妈的话，阿木非常失落，这时妈妈问他为什么不通过自己的努力来挣零花钱呢？

听了妈妈的提醒之后，阿木决定自己来挣买舰艇模型的零花钱。可是小小年纪，他能够做些什么工作呢？经过仔细观察，阿木找到了一个挣钱的机会。

原来，在阿木所住的小区旁边，有一家报纸分发中心，而那里的负责人正好是阿木的邻居，在妈妈的帮助下，邻居答应了让阿木星期天去帮忙整理报纸，给他一定的报酬。

有了这份挣钱的工作，阿木显得非常兴奋。虽然得到的并不高，但是阿木干起活来还是精神劲十足。两个多月以后，阿木终于凑够了买舰艇模型的钱，因为是靠自己的努力买的东西，阿木显得十分自豪。

虽然孩子没有经济基础，但是父母可以适当地引导孩子通过自己的劳动来赚取零花钱，在这个过程中，既让孩子学会了自己动手，丰衣足食。又可以切身体会到金钱的来之不易，可谓是一举两得。

其实，无论是家庭条件好坏，父母都应该积极地鼓励孩子自己赚取零花钱。在这方面，西方国家为我们提供了典范。据调查发现，美国54%的青少年学生没有零用钱，而且年龄越大越不可能拿到零用钱，约有68%的受访青少年学生以打零工赚取零用钱，对于大多数的美国父母来说，让孩子拥有过多的财富并不是一件好事，最重要的是要培养孩子自己挣钱的能力。

我们鼓励孩子自己挣零花钱，但是一定要让孩子明白君子爱财，取之有道的道理，如果孩子只知道一味的赚钱，就和我们的初衷背道而驰了，作为孩子的家庭老师，父母一定要关注这一点，对孩子加以引导。

由于孩子年龄比较小，只能做一些力所能及打分活动，下面我们提供一些孩子赚钱的好工作，希望对父母有所帮助。

1.特殊节日来赚钱

在一些特殊的节假日期间，大多数单位都会放假，父母可以鼓励孩子在这样的时间段来赚钱。比如说情人节、母亲节、父亲节等节日时，可以在公共场合兜售鲜花；在国庆节的时候，可以卖一些小红旗；过年的时候，可以卖对联或者许愿灯等喜庆的物品。

2.卖家里面的废品

每家都会有一些旧的物品，对于一些工作比较忙的父母来说，可以鼓励孩子收集家中的废旧报纸、易拉罐之类的杂物，让孩子把它们合理分类，并堆放整齐，卖这些东西所得的收入可以归孩子所有。这不仅让孩子参与了家务劳动，而且还可以培养他们动手动脑的能力，这也是孩子赚零花钱的一个好办法。

3.挣家里的钱

对于那些年龄较小的孩子来说，并不适合到外面的工作，因此，父母可以给孩子找一个自己在家挣钱的机会。

阿林家中开便利商店，他的父母就让他星期天的时候去店里面帮忙，然后付给他一定的报酬。刚开始的时候，阿林只不过是为了赚取自己的零用钱。在工作了一段时间之后，他了解到了父母工作的辛苦，自己花起钱来也不会像以前那样大手大脚了。

4.从零花钱的节余里面来挣零花钱

有很多孩子的零花钱总是不够花，要想杜绝这种现象，除了父母固定给孩子钱以外，还可以采取一些奖罚措施。比如说如果孩子每周的零花钱有剩余的话，父母可以给他一点钱作为奖励，如果一周的零花钱不够花的话，就要从下周的零花钱中就要扣除掉。这不仅是孩子赚钱的一个好办法，还可以控制孩子零用钱的花销。

给孩子零花钱的技巧

有一次，张老师的班里举行了一次“勤俭节约，从我开始”的主题班会。

“同学们，爸爸妈妈在一个月之内会给你们多少零花钱啊？”张老师笑着问同学们。

“230元”、“350元”、“400元”、“600元”……

班里的同学争先恐后地回答道，与其说是讨论会，还不如说是同学们在炫耀谁的零花钱多。那些零花钱少的同学很快就开始沉默不语了。

“2000元！”同学们突然听到了一个从后排传来的声音，班里边顿时安静下来，大家回头一看，原来是平时的捣蛋鬼小良。

“你怎么有这么多的零花钱？”老师满脸狐疑地问道。

“爸爸常年在外面做生意，每次从外地回来后，他就会把他口袋里的零钱都给我，除此之外，我的爷爷奶奶也会给我钱。尽管如此，我还是觉得自己的钱不够花。”

其实，小良的钱之所以不够花，就是家长在给孩子零花钱的时候没有制订一个合理的计划，孩子也没有意识到要合理消费的必要。所以才造成了像小良这样的情况。

对于孩子来说，零花钱是他们的一项非常重要的收入。对于父母来说，怎样给孩子零花钱也就变得非常重要。这些问题看似简单，可是一旦处理不好的话，对孩子也会产生深远的后果。

其实，给孩子发放零用钱不仅是一种智慧，更是一种艺术，也是每个家长必修的课程，如果父母在这方面没有做好的好，提高孩子的财商也就是一纸空谈，那么，父母在这方面应该怎么做呢？

1.让孩子适当地接触消费

父母应当根据孩子的需求给孩子零花钱。很多父母都错误地认为孩子太小,根本用不着花钱,但是孩子毕竟要踏入经济社会当中,一定会接触到一些消费活动。我们讲要适当地给孩子零花钱,并不是说不给孩子零花钱。所以父母有必要让孩子在小时候就接触消费活动,让他们从切身的实践当中学到必要的有关消费的知识。

例如,父母可以把购买学习用品的权利交给孩子,让孩子自己去采购这些东西,长此以往,孩子对自己平时所需的消费项目也就有了一个大致的了解。

2.让孩子了解基本的消费项目

对于日常的一些基本开销,父母一定要让孩子做到心中有数。刚开始的时候,父母可以记下孩子每次消费的项目。等到了解孩子日常消费的主要项目之后,也就知道自己一个月需要花多少钱了。当然,在这个过程中,父母可以鼓励孩子思考自己有没有过度消费的情况,如果有的话就应该及时更正。

3.给孩子的零用钱不是越多越好

有些父母为了不让孩子过苦日子,总是竭尽全力地满足孩子的各种要求,零花钱没有一点限制。还有一些父母觉得自己平时对孩子关爱不够,因此就想用金钱弥补自己的过失。就像小良的爸爸一样,因为平时忙于做生意,根本无暇顾及孩子,为了弥补心中的愧疚,每次回来都要给小良很多钱,可是疏于管教的小良每次都会把这些钱浪费在打网络游戏上面。由此可见,零花钱并不是越多越好。

对孩子一时的娇纵疼爱没有什么关系,可是如果长时间如此的话,孩子的欲望无限制地膨胀,花起钱来就会没有一点计划性,这种坏习惯一旦养成,对他以后的生活也会产生不利的影响。

4.孩子的意见很重要

在父母给孩子零用钱的过程中,不能够忽略孩子的意见,要允许孩子提出自己的看法,如果父母和孩子之间出现了分歧,双方可以展开一次小的辩论，争取让双方都比较满意。

当然，由于孩子也参与了全过程，当出现零用钱不够花的情况时，就不会盲目地让父母增加零用钱的数量，他们会主动地反省自己的行为。

5.知足常乐才是福

每个家庭的经济条件有所不同，所以在同一个班级当中，孩子零用钱的数目也是参差不齐。零用钱少的孩子就容易在相互的攀比之中产生自卑心理。这时候父母就应该积极地引导孩子，让其明白知足常乐的道理，还要告诉他虽然自己的零花钱很少，但是每一分都花在了有用的地方。

6.固定发放零用钱的时间

父母在给孩子零用钱的时候也应该定期发放，这样一来，孩子在支配零花钱的时候就会有计划性。对于年龄比较小的孩子，可以一天发一次零用钱，每次的数额也不宜过大，等到孩子稍微长大以后，就可以一周发一次，或者是一月一次。当孩子养成这个习惯后，就不会再抱怨零花钱不够，而是提前做好计划。

“为什么，我的零花钱总不够花？”

阿业的家庭情况比较优越。他每周的零花钱就有 1000 元。同时，父母对阿业的零用钱很少过问，简直是随要随给，阿业也没有觉得自己花的很多，只要没钱了就向父母要。

有一次，学校做了一个关于孩子支配零用钱情况的调研活动，要求父母清楚记录一下自己孩子一个月花费多少零用钱。阿业的妈妈认真地记录下了阿业一个月的消费情况，数额令她自己都感到吃惊，竟然多达数千元。她立刻发觉这是一个很严重的情况，而且这样对阿业也很不好。

阿业的父母讨论了一下这个情况，一致认为应该控制阿业的零用钱，不过转念一想，这也不是一个好办法，最重要的是应该让阿业明白为什么自己的零花钱很多，可还是不够用。

在星期天的晚上，阿业的父母进行了一次家庭会议，一家三口坐在一起谈论这件事情。妈妈把问卷调查拿给阿业看，阿业自己也吓了一跳，目瞪口呆地不知所措。

阿业的妈妈对他说道："阿业，其实这件事情爸爸妈妈也有责任，我们平时总是没有限制地给你零花钱。"

阿业低着头，从牙缝里挤出一句话："这件事我也有错，我平时花钱总是大手大脚的。"

这时，阿业的爸爸说道："阿业，现在我们都认识到自己做得不对的地方，咱们一起努力改掉坏的习惯，你说好不好？"

阿业坚定地点了点头，说道："好。"

后来三人经过讨论，达成了共识：把阿业的零用钱降低到一般孩子零用钱的标准，父母每周定期给阿业一定的零花钱，之后不会再给，阿业也同意。刚开始的时候阿业总是有点不习惯，过了一段时间之后，阿业慢慢地改变了胡乱花钱的习惯。

像阿业这种零花钱不够花的情况，很多父母都会遇到。其实，对于孩子零用钱为什么不够用，父母也都知道是哪些方面的原因造成的，不过也许孩子并不清楚，只有让孩子明白了这一点，他们才能合理地支配自己的零用钱。

同样，也有很多孩子明白自己零花钱不够花的原因，只是在向父母索要零用钱的过程中，父母的不断给予助长了他们我行我素的花钱行为。作为父母一定要坚决杜绝这种行为，并选择适当的时机心平气和地向孩子把道理讲明，这样孩子才能够及时地意识到自己的错误。

阿才的父母在这方面就做得很好，很多家长遇到孩子胡乱花钱的情况，通常会狠狠地训孩子一顿，这样很容易激起孩子的逆反心理，反而不利于事情的解决。年幼的孩子难免犯错，家长可以用道理来说服孩子，需要循循善诱的引导，让爱来影响孩子。这样，他们很快就能意识到自己的错误。

因此，在孩子零用钱的问题上，父母一定要当好“把关人”的角色。只要运用正确的方法引导，孩子的不良行为是很容易纠正过来的。那么，父母需要在哪些方面下工夫呢？

1.关注孩子的零花钱

很多父母在给了孩子零花钱之后就不再过问了，这是在孩子财商教育中最不可取的一种行为。每月或者每周给孩子的零用钱要限定数额，并且要关注孩子把钱都花到了哪里，如果发现孩子有不合理的消费行为，父母一定要及时提醒并纠正。

比如：当发现孩子用零花钱买了一件很贵的玩具时，父母可以提醒孩子说：“这件东西这么贵，你这一个月的零花钱还够花吗？为什么买之前不慎重的考虑一下呢？”这样一来，孩子自然就会反省自己的行为了。

2.父母也要有原则

当孩子不断向你索要零用钱的时候，父母在这个时候一定要坚持原则，不能什么要求都满足孩子，而且还要去思考背后的原因，看看为什么会出现这样的问题。

当然在拒绝孩子的时候，父母也不要动怒。要知道，大发雷霆是不利于解决事情的，不妨静下心来，在合适的时机给孩子上一堂理财课，一定要让孩子弄清楚零用钱不够花的原因，这样才能够解决问题。

买东西也有技巧

小明是一名小学三年级的学生，他最近遇到了一件烦心事：妈妈准备让他去采购些东西，已经列出了商品的清单，但是妈妈说东西必须是物美价廉的才能买。这是让小明最心烦的一件事，究竟什么样的东西才叫物美价廉呢？

为了帮助小明解决困惑，妈妈将物美价廉仔细讲解了一番：从字面的意思来看，物美，就是指商品的质量一定要好；价廉，当然就是指价格要相对便宜、合适。

那么物美的标准是什么呢？首先它应该是件合格的产品。合格的产品应该有生产厂家、生产日期、标准的产品合格证书（检验）。这三个是最基本的要求，当然好的产品还需要有完善的售后服务体系。

价廉的意思也就更好理解了，在品质相同的情况下，价格低的自然就属于价廉的。

不过，小明依旧听得有些云里雾里，但无奈之下只能硬着头皮去商店了。看了清单之后，第一项是味精，他先来到调味品的专柜那里，总共看到了四种品牌的味精，他一眼就看见了自己家里一直在用的牌子，有三种分量不同的包装，分别是1000克装、650克装和250克装，价格分别是86元、58元和35元。小明大概算了每一克的价钱，1000克装的最合算，于是小明选择了1000克装的那种。

接下来要去买鱼了，按价廉的简单原则，小明买了一条最便宜的。

回到家里，妈妈查看了一下小明买的东西，同时指出：1000克装的味精是对的选择，可是那条鱼买的有点不太合适，因为虽然它价格便宜，可是新鲜度不够。

妈妈的话，让小明点了点头。这时候，物美价廉的概念在他的脑海里有了更深层次的认识。

走在大街上，两边的商品琳琅满目，各种各样的品牌和造型让人目不暇接。在厨卫柜台前逛一圈，光是电饭锅就有10多个品牌，虽然功能差不多，价格却不一样。我们究竟该选哪一种呢？

其实，买东西的过程也就是一个理财的过程，用合适的钱购买合适的东西，这是很基本的作业。对于孩子来说，这方面的知识也要有所了解。

在买东西的过程中，我们很容易进入两个误区：一种是贪图便宜，一种是盲目地追逐名牌。这两种理念都可能造成家庭不必要的浪费。只要掌握好物美价廉的原则，我们就可以把每一份开支都发挥出最大的作用。

那么，父母如何才能让孩子明白物美价廉的道理呢？下面有几点建议，父母们可以参考一下。

1.让孩子知道什么是合格产品

我们在买东西之前，首先要确定它是否合格。父母应该将合格产品的标准告诉孩子，如果直接将那些“三有”标准告诉孩子的话，也许并不能引起他们的兴趣。因此父母可以通过具体的实例来让他们明白。比如可以拿出自己家里边的一些商品，教孩子怎么辨别产品的有效时期和查看商品的合格证书。

2.让孩子自己挑选商品

凡事只有亲身经历才会印象深刻，父母不妨把购物篮交给孩子，让他自己去挑选商品，家长可以在一旁协助，但是不能干预太多，尽量让孩子根据自己的判断来选择，在孩子采购完之后，父母可以查看一下他选购的商品质量如何，价钱是否合理。孩子做得好的地方父母应该及时给予表扬，不好的地方也应该及时纠正并鼓励。这不仅提高了他们对商品鉴别能力，又提高了他们精打细算的能力。

3.让孩子试着学砍价

我们经常可以发现，同一件商品在不同地方，价格也不一样，很多商家

都会虚升商品的价格。如果这时候我们还是盲目购买的话，就会造成不必要的浪费。在指导孩子理财的时候，“砍价”的技能也是不能不学的。父母可以让孩子去买一件商品，然后试着和老板“砍价”，当老板接受了提出的价钱时，那就节省了一小笔开销，就算砍价不成功，也可以让孩子学到沟通以及随机应变的能力。

对孩子不能滥用“按劳付酬”

军军是小学五年级的一名学生，学习成绩一直名列前茅。他有一个同班同学苗苗，虽然学习成绩很差，但家里很有钱，有一次，这名富家子弟请军军帮他做作业，并承诺会付给一定的报酬。这是军军第一次遇到这样的事情，一时之间他也不知道该怎么办，他决定先去征求妈妈的意见。

回到家后，军军告诉了妈妈这件事情，结果妈妈非常同意军军这么做。于是，军军开始帮同学做作业挣钱了，而且业务扩大很快，有好几个同学都成了他的长期“客户”。

在妈妈错误的引导下，军军走上了一条错误的挣钱道路，君子爱财，取之有道，这种替同学做作业的钱是不应该挣的，我们常说的“按劳付酬”也不应该运用到这方面。一方面，这会让付酬的孩子荒废学业，更加不爱主动学习；另一方面，会让得到报酬的孩子觉得什么钱都可以赚，将来很可能会不择手段地为自己谋取非法利益。

按劳付酬是我们经常用到的一种分配方式，有些父母希望自己的孩子早日领会这一点，所以就将这些观点渗透到孩子的日常生活当中。实际上，在让孩子明白这点的时候，也要让他们知道“按劳付酬”也应该是有所选择的。

现在有不少父母都用金钱奖励的做法来激励孩子做家务，比如洗一个碗给五角钱，清扫一次客厅给一元钱……这样的举措也许可以在短期内提高孩子劳动的积极性，但切不可常用。时间久了，孩子学会了跟父母讨价还价，如果酬劳给的少，孩子就会敷衍了事或甩手不干。父母要让孩子明白，身为家庭的一员，每个人都有一定的责任和义务，父母给予孩子的“报酬”也只是一种鼓励的行为。

那么，父母应该采取什么样的方法让孩子来理解“按劳付酬”呢？

1.树立正确的金钱观

父母要让孩子明白，一个人过得是否幸福，并不是由金钱的多少来决定的。有的人富得流油，却可能整天都有无尽的烦恼；有的人只是刚刚跨过了温饱线，日子却可能过得有滋有味。所以，当你拥有很多金钱的时候，并不代表你过得就很快乐，世间还有许多比金钱更贵重的东西。

2.培养孩子的劳动观念

劳动是光荣和伟大的，父母一定要让孩子明白这一点，让孩子参与一些力所能及的家务劳动，既达到了锻炼身体的目的，又让孩子有机会为家庭出一份力，体会一下奉献的快乐。

父母可以这样告诉孩子，劳动是我们获取报酬的主要方式，但并不是所有的劳动都要获得报酬，有些劳动完全在我们的义务范围之内，就像我们去义务参加一些植树、支教的活动等，虽然没有相应的金钱报酬，但是我们可以收获丰富的社会意义。

3.用正确的方法激励孩子

孩子在付出劳动之后，父母并不一定都要用金钱来激励和表扬，家长完全可以采用拥抱、亲吻、口头表扬等手段来激励孩子，如果孩子表现的一直非常好的话，还可以带孩子去游玩或看电影。

“按劳付酬”虽然很公平，但却不是万能钥匙，尤其不能让孩子滥用这个准则，有些责任和义务还得让孩子无偿承担，培养孩子的劳动观念和意识很重要。

总而言之，“有偿家务”不仅让孩子参加了劳动，同时也培养了孩子的理

财能力。但是“有偿家务”也是一把双刃剑，父母在让孩子做“有偿家务”时，一定要端正他的工作态度，使他认识到参与到劳动当中，主要是让他体会父母的艰辛，提高自己的劳动技能，让他知道金钱的来之不易。

在这个过程中，父母可以把孩子看成是自己的雇员，以这样的关系让孩子参与到“有偿家务”当中，让他体会到工作的艰辛，从而能够更加体谅父母。当孩子有了这样的体会之后，也就不会乱花钱，而是更加合理地使用金钱了。

学会对孩子的不合理要求说“不”

晓星是小学三年级的一名学生，由于是家里面的独生子，晓星的父母总是尽量满足晓星的所有要求，在这种娇生惯养之下，晓星渐渐养成了一种大少爷脾气。

有一天，晓星的父母带他到超市购物，在手机专柜，晓星看上了一款新出的手机，于是非吵着让妈妈给自己买下来，妈妈看了一下手机，对晓星说道：“上个月不是才给你买了一部新手机吗?还没用多久你就不想用了?”

“那部手机我已经用了好长时间了，我不想再用了!”晓星吵闹道。

虽然父母不想给晓星买，但在晓星的哭闹之下，父母还是给晓星买下了那部手机。

每个父母都宠爱孩子，但是过分溺爱孩子就是在害孩子，就像我们事例中的晓星一样，父母总是一味满足他的各种要求，这只会让他在错误的道路上越走越远，对他以后的发展也是极其不利的。

父母对待孩子一定也要有一个分寸，既不能不管不顾又不能助长他们娇纵的习惯。对待孩子提出的要求，如果合理的话父母可以满足，如果是不合理的要求，父母们一定要敢于说“不”。而且还要纠正他们那些错误的行为习惯，帮助孩子树立正确的消费观。

那么，为了尽量避免孩子提出不合理的要求，父母应该怎么做呢？

1.坚定自己的原则

马克·吐温曾经说过：“孩子的童年只有一个”，父母对孩子有着不可推卸的责任。随着家庭条件的越来越好，父母总是想要给孩子最好的东西，可是除了在物质上面满足他们，还要培养他各种品质与习惯。当面对孩子无理的消费要求时，也是他们不良消费习惯的一个先兆，父母应该果断地拒绝，同时还要对他们进行财商教育，这不论是对孩子心理的成长还是性格的养成都是大有裨益的。

2.从小抓起

老一辈的人经常说这样一句话，“三岁看大，七岁看老。”心理学家桑代克也说：“三岁是人生的一半。”因此，对孩子进行财商教育的时候一定要从小抓起。一旦孩子长大后，有了自己的想法与观点，如果再去纠正他们不良的行为和习惯，就会花上更多的时间与精力，并且还不见得会有效果。

让我们看看小鑫妈妈的做法，这非常值得其他父母去学习：

从小鑫开始懂事的时候起，妈妈就让他去楼下的超市买一些小的物品，所以小鑫很小就有了对金钱的概念，再加上妈妈的指导，他的理财能力非常强，总是把自己的零花钱计划得井井有条。

3.从零花钱抓起

对于没有经济基础的孩子来说，零花钱是他们的一项主要的来源。在给孩子零用钱时，究竟怎样给合适？应该给多少？这也是很多父母比较关注的一个问题。其实这需要父母和孩子一起来商量，根据孩子的日常开销来定零用钱的数量，不能过多也不能太少，在潜移默化之中也会提高孩子的理财能力。

4.父母要善于观察

父母是孩子最亲近的人，在日常生活中，父母可以深入地了解孩子的思

想、言行，并适时给予辅导和关爱。同时，父母也需要不断地学习，尽量能够和孩子多一点共同语言，这样在教育孩子的时候就不会让孩子觉得那么有距离，觉得和父母有代沟了。在培养孩子理财观念的时候也要如此，不能把自己所有的观点都强加在孩子身上，你也需要听听孩子的意见，也许他的想法会更适合他。

5.可以爱孩子，但不要溺爱孩子

随着生活水平的提高，父母不希望自己的孩子受到委屈，别的孩子有的，自己的孩子也要有。也许这对父母来说并不是一种溺爱，只是因为比较爱孩子，但是父母们要知道，爱与溺爱只有一线之隔，一不小心跨过这条线，结果就会大相径庭。现如今，很多孩子就是因为父母的溺爱，才会养成娇气、爱慕虚荣等不良的习惯，

因此，父母一定要让孩子懂得金钱的来之不易，让他能够理解父母对他的爱，体谅父母的良苦用心，从小就给他灌输良好的思想，培养孩子正确的金钱观。为了让孩子明白溺爱的坏处，父母在平时还可以给孩子讲一些因为父母的过度溺爱而害了孩子的例子。

别让孩子一辈子“啃老”

洋洋是一个名牌大学的毕业生，他的父母都是农民，辛辛苦苦地供他把书读完。父母本想洋洋工作以后能够缓解一下家里的经济状况，可是洋洋毕业以后一直都没有上班。当父母询问他不上班的原因时，他说自己还没有找到合适的工作，还想继续考研。

虽然考研是个不错的选择，但是也要考虑一下家里的情况。对于洋洋的父母来说，家里的条件本来就不是很好，上学的时候已经花光了家里面的积

蓄。如果儿子再考研的话，继续上学还要花钱，再说，还不能够保证研究生毕业以后就能找到合适的工作。

洋洋的父母把一辈子的精力都放在了儿子身上，他们从来不舍得买一件新衣服，吃一顿好饭，心里不禁有点难过，但他们内心十分清楚，只要他们还有劳动能力，就得管儿子的事情，这毕竟是他们唯一的孩子。

在现实生活中，像洋洋这样的"啃老族"还有很多，总是理所当然地享用父母所带给他们的一切，从未想过通过自己的努力来回馈父母。对于父母来说，每个孩子都是父母的心头肉，父母总是想尽办法给孩子最好的生活。可是父母不会一辈子陪在孩子身边，孩子早晚要自己独立生存。如果还想着一味地依赖父母，只能是自己害自己。

我们经常可以看到，有很多父母都是在一味地满足孩子的要求，孩子想要什么就买什么。长此以往，孩子也就了解不到劳动的重要性，因为父母已经给他们安排好了一切，这样的孩子，将来注定会一事无成。这些孩子长大后，必然会成为"啃老族"。

所以，想要避免孩子成为"啃老族"，我们就要从孩子幼年时下功夫。

我们经常听到"穷人的孩子早当家"这句话，它启示我们，只有让孩子多经历一些事情，他才能拥有在社会上立足的资本。只有从小就培养孩子的理财能力，让他们在心中树立一种赚钱意识，长大后他们才能创造出更多的财富。

那么，为了避免孩子成为"啃老族"，父母应该从哪些方面着手呢？

1.让孩子多参与社会实践

当孩子到了一定年龄的时候，父母就要有意识地让孩子做一些力所能及的事情，这样不但能够锻炼孩子的生活自理能力，还可以锻炼孩子的毅力和吃苦耐劳的精神，也只有意识到工作的辛苦，他们才会更加珍惜父母的劳动成果。

比如说在过星期天的时候，可以鼓励孩子去敬老院献爱心，陪一些孤寡老人聊聊天，打扫一下卫生，等等，这既培养的孩子的爱心意识，又让孩子明

白了劳动的意义。

2.培养孩子独立的精神

因为孩子的年龄小，很多父母就想包办孩子的一切事情，殊不知这样只会害了孩子，父母要培养一下孩子的独立精神。可以引导孩子自己去做一些事情，遇到问题也要让孩子学着解决。当然，父母可以适当引导，但不能直接替代孩子去做。孩子只有具备了独立精神，长大后才能摆脱对父母的依赖。

3.让孩子学会承担责任

敢于承担是一种富有责任心的表现，在培养孩子财商的时候，父母也要帮助孩子形成这种责任心的意识。只有这样，孩子长大成人后才会承担起孝敬父母的义务，而不是一直依赖在父母身边。

为了培养孩子这种敢于担当的责任心，在和小朋友发生一些纠纷的时候，父母可以鼓励孩子自己寻求解决的办法。这样，他就能明白什么是责任，如何承担责任。

4.培养孩子的竞争观念

当今社会正是一个竞争激烈的社会，每个处在社会上的人都得经受社会的考验。所以，父母也要培养孩子的这种竞争意识，让孩子在竞争中提升自我、完善自我。也只有在这种竞争的氛围之下，孩子的斗志才能够被真正地激发出来。自然也就不会加入到“啃老”的行列中了。

5.让孩子正视挫折

生活中的挫折无处不在，我们需要做的就是面对挫折、战胜挫折。在教育孩子的时候，父母一定要注重孩子正视挫折能力的培养。如果面对挫折一味地逃避，很可能就会待在家里啃老。所以，父母一定要让孩子经受一下挫折的历练。例如可以让他尝试一下安装电风扇，这对于很多孩子都很难做到，但那种挫折以及挫折之后分析出的经验，却是对孩子的成长非常有帮助的。

学会记账，让零花钱花得明白

钟红的妈妈是一名理财师，所以她平时很注重钟红的财商教育。从7岁开始，钟红就一直记录着自己的现金流水账，每个月汇总，最后做年报表，当然表格都是钟红妈妈设计的，她只要填写就可以了。

有了这份收支的账表之后，钟红每花一分钱，花到了什么地方，或者是有了什么收入，她都会非常认真地记录到账本上面。

每过一段时间，钟红的妈妈就会查看一下这个账本，然后和钟红一起来核对账目，讨论一下哪些钱是必须要花的，哪些钱可以节省下来。长此以往，钟红渐渐知道了如何节省零花钱。账目上的余额也越来越多。

到了年底的时候，钟红用自己存下来的零花钱给妈妈买了一件小礼物，钟红的妈妈感到非常欣慰。看到妈妈的笑容，钟红很高兴，从那以后，她的记账积极性也越来越高。

很多孩子都没有记账的习惯，一方面是因为父母平时没有记账的习惯；另一方面是觉得自己平时花的钱很少，没有记账的必要。其实不然，长此以往，孩子的消费就会没有目的性，非常容易养成盲目消费的习惯。

一个良好的记账习惯可以帮助我们时刻关注到自己的消费的习惯，一旦发现有不合适的消费行为，就可以及时地纠正过来。就像我们事例中的钟红一样，养成的记账本的习惯以后，不仅对自己平时的消费习惯很清楚，而且还学会了怎么储蓄，将来踏入社会以后，她也会拥有很强的理财能力。

那么，父母应该怎么帮助孩子养成记账的习惯呢？

1.制作精美的账表

如果父母只是一味地给孩子讲账表来怎么制作，也许孩子不会很乐意

地接受，往往记了一段时间就不会再记了，因此，父母可以先做一个精美的账表来吸引孩子，比如说用一些比较鲜艳的纸张，再画上一些精美的卡通形象，同时鼓励孩子根据自己的想法来完善表格。

2.让孩子学会主动记账

要想让孩子真正养成记账的习惯，就必须要鼓励孩子自己学着去记账。父母在给孩子零花钱以后，可以告诉他们会查看他们的消费情况，如果零花钱花的比较合理的话，就会适当地给予一定的奖励；如果出现零花钱不够花或者盲目消费的情况，父母也要采取相应的惩罚措施。这样一来，孩子必然会把自己的每笔消费都记得清清楚楚。

3.父母的监督不可或缺

有的父母扔给孩子一个账本之后就什么也不管了，很少去查看孩子的账本。长此以往，孩子也会抱着应付的态度去记账，账本也就形同虚设了。其实，后期的监督作用往往是最重要的，父母一定要时刻谨记这一点。账本上的情况显示着孩子的消费习惯和特点，一旦发现孩子有盲目消费和攀比的行为时，父母就可以及时地纠正过来。

4.让孩子学会完善账本

凡事都有一个由浅入深的过程，让孩子养成记账的习惯也是如此，必须要循序渐进。因此，父母可以给孩子一个完善账本的机会，也只有让孩子自己参与其中，他才会切身体会到记账的重要性。

比如，父母可以给孩子一个只有支出和收入的账本，鼓励孩子去把账本上还要记录的细节完善一下，比如说增加一栏消费的内容、同种商品消费的周期，等等。这样做既开拓了孩子的思维，又有助于孩子养成记账的习惯。

孩子，你的压岁钱去了哪里

郭刚的父母是从农村走出来的大学生，每年春节，他们都会带着郭刚回老家过年。

在春节期间，不经常回老家的郭刚受到了亲戚朋友的热情的招待，总是想办法让他吃好。尤其是他在老家的爷爷奶奶，更是把他捧在手心上，对他的所有要求都是竭力满足。

过完年后，郭刚的父母查看了他口袋里的压岁钱，居然有两千多元，于是便要求帮他保管，可是郭刚信誓旦旦地对父母说："我会保存好的，一定不会乱花。"虽然郭刚的父母有点不放心，过了一段时间后，他们也渐渐淡忘了这件事。

过了一个多月后，郭刚开始向妈妈要零花钱，妈妈惊讶道："你的压岁钱都花完了吗?"郭刚不好意思地低下了头。在妈妈的询问之下，他说出了自己是怎么把压岁钱花完的。

原来，郭刚拿到这笔钱后，并没有想这要节俭着花，而是尽情地挥霍，每逢星期天，他就和同学们一起去游乐场、网吧进行消费。为了充面子，大多数时候都是他掏钱。因此，才一个多月，他的压岁钱就花得所剩无几了。

听了郭刚的讲述之后，妈妈才意识自己的疏忽犯了一个很大的错误。经过这件事以后，郭刚的妈妈也开始关注起对郭刚的财商培养了。

随着时代的进步，人们物质生活水平的提高，长辈给孩子的零用钱的数额也在不断变大。有很多孩子在过年的时候都会拿到几千元的压岁钱，可以说是从囊中羞涩直接变成了"小富翁"。趁着过年的喜庆劲，很多家长也不愿意去过问孩子压岁钱的支配情况。加之孩子的消费观念很不成熟，于是就产生了一系列的问题，盲目消费和过度攀比的习惯也很容易在这段时间养成。

在孩子们看来,自己没有付出劳动就轻而易举地得到了一笔财富,消费欲望就会极度膨胀。他们可能会盲目地追求一些高消费,进行一些和自己年龄不符的消费,比如说出入网吧、酒吧、游戏厅等场所,还有一些孩子竟然会用钱来请同学帮自己写作业,这些对孩子的发展都是极其不利的。一旦这些孩子没有足够的金钱,父母又不给的时候,他们可能就会萌生邪念,走上犯罪的道路。

对于孩子来说,压岁钱是一笔很重要的资金来源;对于父母来说,这也是提高孩子财商的一个好机会。有时候,让孩子拥有压岁钱的支配权并不是一件坏事,只要好好地引导,孩子自然就会明白要怎样合理消费了。那么,父母究竟应该从哪几方面做起呢?

1.提前拟订计划

在过年之前,父母可以帮助孩子提前制定一个压岁钱的支配规划,这样孩子拿到压岁钱后就不会盲目地进行消费了,而是会严格地按照之前的规划来进行。在这份规划里面,一定要有一部分是用于储蓄的,还要有长短期的消费目标,这对提高孩子长期的理财规划能力很有帮助。同时,父母的监督作用也一定要落到实处。

2.让孩子"拥有"自己的零花钱

很多父母为了防止孩子乱花钱,在孩子拿到压岁钱后就给收走了。其实,这并不是一个明智的做法,让孩子变成"小富翁"也并不是一件坏事,只要好好地引导,还可以提高孩子的理财能力。如果父母总是强硬地收走孩子的零花钱,不仅会伤害与孩子之间的感情,还会让孩子产生叛逆心理。

3.用压岁钱去投资

储蓄和投资我们常用的理财方式,对于孩子来说,我们可以鼓励孩子利用压岁钱来行投资。当获得投资的回报后,孩子就体会到了理财的重要性,也就不会盲目地消费了。比如说,当孩子想要用压岁钱买一些不必要的东西时,父母可以对孩子说:"这件东西并不是你急需的,为什么不把这笔钱留下来用于投资呢,不但可以让你的钱升值,又避免了浪费。"

理财的重头课——管理压岁钱

在一节理财课上，李先生给很多父母讲了他的孩子和零花钱的故事。

他说道：“前几年过年的时候，一家人总是围在一起吃饭，共享天伦之乐。当外公外婆给孩子红包的时候，小家伙就会高兴地接过去，以最快的速度打开红包，把里面的钱都倒出来，当他发现里面除了一些钱之外再找不到其他的东西的时候，就会显得十分失望，然后就把那些钱直接交给妈妈，让妈妈替他保管。

后来孩子渐渐长大了一点，也有了自己的“小算盘”，这种情况渐渐发生了改变。

又到春节的时候，孩子依旧得到了很多压岁钱，当他妈妈像通常一样要帮他保管的时候，孩子摇了摇头，很认真地说道：“还是我自己保管吧，如果我把钱给了妈妈，等我再想花的时候就要不回来了！”看着孩子一本正经的样子，我和妻子都忍不住地笑了出来，他们突然意识到孩子已经长大了，开始有自己的看法了。我好奇地问孩子：“你准备怎么花这些钱？”

孩子兴高采烈地盘算着：“我先要去肯德基饱餐一顿，还要买一个奥特曼，夏天的时候我要买很多很多的糖。”

我和妻子平时都是严禁孩子吃那些高热量食品的，于是我对他说道：“宝贝儿，爸爸妈妈不是和你说过很多次了吗？咱们家不是没有去吃肯德基的钱，爸爸妈妈也不是小气鬼，可是那里面的东西都是高热量的，你是不是想要变成一个小胖子呢？”

儿子看了一下我，用力地摇了摇头。

于是我接着说道：“糖的确很好吃，但是如果吃得太多就很容易导致蛀

牙，到时候就算你想补救也太晚了，你总不想这么小就装一口假牙吧？”

听完我的话后，儿子连忙说道：“我再也不会吃这些东西了，这些钱还是给妈妈保管吧。”

春节是很多孩子都喜欢的一个节日，一到这几天，孩子们再也不用像以前那样一直把自己埋在做不完的题海中，而且长辈还会给很多的压岁钱。以前的压岁钱只是一种象征性的礼物，可是随着人们物质生活水平的不断提高，压岁钱的数额也是越来越高。很多孩子拿到压岁钱之后会肆意地挥霍，养成了胡乱花钱的习惯。其实当孩子收到压岁钱的时候，也是父母对孩子进行理财教育的大好时机。

从理财的角度来讲，压岁钱是孩子的一份固定的收入，要想提高孩子的财商，我们必须得从压岁钱开始抓起，只有让孩子学会了管理自己的压岁钱，处理起其他财务问题自然也就游刃有余了。

那么，父母应该从哪些方面做起呢？

1.从压岁钱上面学会金融管理

压岁钱的数目虽然有限，同样需要孩子去进行合理的支配。借助压岁钱，让孩子学到资金管理方面的知识，不失为一个很好的办法。

王先生在这一方面一直都做得很好，在儿子有了压岁钱之后，他就给其准备了一个账本，让他把所有的收入和支出都清楚地记在上面。当儿子的钱积累到一定的数量的时候，就会让爸爸妈妈帮忙存起来，有时爸爸妈妈着急用钱，可是又来不及去银行取的时候就会向儿子“借款”，双方还要签协议来约定一些还款事宜。在这样的教育之下，王先生的儿子对金融管理方面很有兴趣。

2.合理地支配压岁钱

孩子的年龄毕竟比较小，如果不能合理地支配自己的压岁钱，很容易造成不必要的浪费。因此父母在这一方面一定要加强引导。有这样一个事例，就可以供我们参考：

小雷的父母在小雷领了压岁钱之后，就这样对他建议道：“咱们可以利用这笔钱做一些有益的事情，比如说给你订一份学习资料，或者是买一份保险，还可以拿出一部分用来献爱心，帮助那些上不了学的山区孩子。这些都是非常有意义的事情，你觉得呢？”

3.让孩子用压岁钱去参与一些收藏活动

多余的压岁钱也可以让孩子搞收藏。邮政部门经常会销售一些限量版的、有纪念意义的邮票，如果父母每年都让孩子用压岁钱购买一两套邮票的话，既增长了孩子在这方面的知识，又得到了收藏品，真可谓一举两得。

避免子女成为失败的“富二代”

《中国青年报》上曾有过这样一条报道：在南方经营连锁餐饮的李女士最近把生意上的事托付给了下属，自己一直在北京奔波，想要在那里给她自己一个好学校的辅导班。

她儿子小达已经10岁了，是一名三年级的学生，在当地的省重点小学念书。可是他的成绩却没有什么起色，甚至有直线下滑的趋势。李女士急坏了，她取消了儿子的课外活动，斥巨资给他报了高级辅导班。她说道：“又不是没钱，我要给他提供最好的学习条件！”

为了帮助孩子赶快进步，她甚至报了北京一名校的辅导班，周末打“飞的”上课，目的就是要向一些成功的大学教师学习，积累一些他们教育孩子的经验。

像李女士这样费尽心机培养第二代的成功人士可以说是比比皆是。他们的精神可嘉，但这并不是解决问题的根本办法。因为对孩子的教育并不仅仅是学校的事，家长才是孩子的第一任老师，对孩子的教育有着不可推卸的责任。

对于那些身家丰厚的“富爸爸”、“富妈妈”们来说，在对孩子进行理财教

育的时候，可能要考虑更多的问题，对于这样家庭出身的孩子来说，一旦理财教育出现问题，他们就很可能成为失败的“富二代”。

中国有句古训“富不过三代”。怎么保证不出败家子，让子女能够取得更大的成功，或者只是保证现有的财富不缩水，似乎是很多“新富”最关心的问题。如果在家庭条件好的情况下，子女却养成了饭来张口、衣来伸手的坏习惯，早晚会让积累的财富挥霍一空。

由此可见，在避免孩子成为失败“富二代”的问题上，这不仅是父母对孩子成长的一种关心，也是一种财富责任。那么，父母们应该怎么做呢?

1.投资理财从娃娃抓起

理财教育是孩子要受到的启蒙教育之一，是给孩子人生最大的一笔储蓄。在教育孩子理财的过程，也是让孩子学会做人的过程，而小时候养成的好习惯会伴随孩子一生，也会让孩子一生受益。

2.给孩子一个好的环境

俗话说：“好的环境可以塑造出优秀的人。”而一个好的环境并不一定要多么舒服、多么豪华，只要利于孩子的健康成长就可以。就拿给孩子选学校来说吧，父母不一定要给孩子找一个贵族学校，只要有一个良好的学习、成长环境就可以了。相反，那些学费昂贵的学校反而更容易激发出孩子的攀比心理，这无疑也是滋生“富二代”的“沃土”。

3.对孩子言传身教

新东方创始人俞敏洪曾经就说过：“父母的一言一行将会对孩子产生巨大的影响，诚然如此，孩子与父母的接触是最多的。只有父母做好榜样，孩子才能更快更好地接受父母对自己的教育。”因此，在教育孩子之前，父母一定要反思一下自己的行为。

4.在孩子面前不要太看重金钱

大多数的父母在指导孩子的时候强调道德，轻视金钱，而具体到平时的待人接物时，却又难免会做出一些看重金钱的行为。他们一方面怕孩子攀比、享受，一方面又尽力给孩子提供最好的生活。这是非常矛盾的。在孩子面前，只有父母做出不看重金钱的表率，才能够真正地影响到孩子。

5.让孩子学会创造财富的技能和素质

我们经常听说“富不过三代”这句老话。其实，只要让后代掌握了创造财富的技能和素质，财富完全是可以世代相传的。美国的富人常常在生前就把财产捐献出去，就是为了锻炼孩子自己创造财富的能力，他们深知“授人以鱼，不如授人以渔”的道理，明白提高自身的素质比得到财富更重要。

理财计划别照搬，适合自己的才最好

这天，阿隆哭丧着脸找到妈妈说：“妈妈，我根本做不好理财计划，你说我该怎么办啊？”

妈妈说：“为什么，我听说你已经做了理财计划表，按着那上面做就可以了啊，怎么会有问题？”

看到阿隆不愿意再说话，妈妈说：“你把你的理财计划表给我看看。”

看到阿隆的理财计划表，妈妈不由笑了。其中，有这两项最让妈妈忍俊不禁：周末去广场喂鸽子，开销控制在10元；周末练完跆拳道，买水5元。

妈妈哈哈大笑着说：“阿隆，这些计划不是你做的吧？”

阿隆脸红了，吭吭哧哧地说：“不是……是张华阳做的。我觉得他做得非常好，就想按着他的计划来……”

妈妈说：“阿隆，你要明白，每个人都是独立的个人，就想你的说话方式和语速，和其他人都是不一样的。所以，理财计划书也是一样，哪怕别人的再好，我们也只能参考。真正属于自己的，就必须自己来做！”

阿隆点点头说：“妈妈你说得对，按照这份计划表，我感觉什么都做不成。我会及时修改的，然后做一个理财小达人！”

循规蹈矩，照搬他人，无论是孩子成长，还是成年人的打拼，这都是人生

大忌。当然，成年人有自己的逻辑思维能力，很少会陷入这样的问题；但孩子不一样，他们认知能力有限，看到优秀的就会认定自己无法超越，因此遇到每一件事就是模仿。可是殊不知，模仿只能让自己越来越迷惑；模仿，只能让自己在理财的路上越走越偏。

就像事例中的阿隆，如果他继续按着别人的理财计划打理财务，那么结局是什么？一定会感到理财是让人痛苦的事情，因此拒绝理财，拒绝提升财商！

所以，对于孩子的理财计划，父母要做的，就是帮助他做一份最适合自己的。以下几点建议，就能帮助孩子做出最适合自己的计划表：

1.弄清到底在哪些地方会花钱

在做计划表之前，我们要和孩子一起分析，究竟哪些地方我们会花钱？我们不要着急将这些放进计划表内，而是应当在草稿纸上先进行简单的优化排列。例如，一周开销最大的是早饭；其次是买文具，先将这些内容有了一个认识后，这样才有助于接下来的进一步完善。

2.弄清会有哪些收入

现在的孩子，零花钱有很多，除了父母给，有时候爷爷奶奶，甚至叔叔婶婶都会给一些。为了将这些钱进行规划，我们就要将每一笔收入进行专门的分类，这样就有助于对收入进行管理。同时，这也是为孩子的未来进行培养：当他们成年后，收入的渠道将会不止一个，在幼年时期就学会统计和管理，那么长大后，就不会因为收入的问题而陷入财政混乱。

3.做最适合自己的理财规划

理财规划，终究要为自己服务，所以最适合自己的，才是最好的。因此，父母应当告诉孩子："每周你会有这么多零花钱，你也知道了自己哪些地方会花钱，那么我们就要按照这个原则去规划。还要记得，我们一定要留下来一点钱当作预备资金。万一有点什么小问题，我们就可以动用这部分钱！记住，不会花钱的孩子不是好孩子，把钱花光的孩子也不是好孩子！"当孩子有了这样的思维时，财商的提高又怎能不飞速？

别让孩子进入零花钱误区

有一次，某记者在某中学做一次关于学生零花钱的调查，在调查中他发现：一个班才不过40来人，其中竟然有差不多1/3的人患有胃病，而其中有90%都是因为不吃早饭造成的。当询问他们原因的时候，因为“懒得吃”、“省钱”和“没时间”的就占了大半。

当问到一个患有胃病的孩子时，他说道：“早饭吃不吃都无所谓，又不是很饿，而且省下来的钱还能买到其他东西。”

“你怎么想到把早饭钱节省下来买其他东西呢？”记着追问道。

“好多同学都是这样做的啊，一个月下来节省了不少的钱！”这个同学回答道。

孩子知道应该节省钱是一件好事，但必须让他们明白存钱是为了让自己形成良好的理财习惯。存下的钱是为了实现自己的“梦想”。如果盲目地进行存钱的话，就像我们事例中的那位同学一样，虽然存不了多少的钱，但会影响到自己的身体。孩子毕竟年幼，容易偏执，很容易走进存钱误区里，希望家长们能够及时关注和察觉，避免孩子进入误区。

对于父母来说，我们在指导孩子进行理财的时候，一定也要注意方式和语言，在鼓励孩子存钱的时候不能因此而让孩子进入存钱误区。那么。父母在这方面应该注意哪些呢？下面的几条建议也许可以给父母们一些启发。

1.防止孩子为了存钱不吃饭

孩子正处在生长发育的关键期，要保证平时有充足的营养物质摄入。不吃饭对身体的影响是非常大的，很多疾病也都会乘虚而入。况且身为学生，如果没有充足的营养，自然就没办法集中精力，学习效率也就就会受到影响。

同时，一旦因为身体受到的损害达到需要治疗的地步时，我们反而需要

花费更多的金钱来为自己买单，还可能会给自己的身体埋下祸根，反倒得不偿失了。

2.不要让孩子养成随存随用的习惯

大多数的孩子自制力都比较差，看到自己想要的东西就会克制不住地想要买下来，而存钱罐则成了“补给站”。前一天才存进去的钱，可能第二天就会拿出来花掉了，觉得反正存钱就是为了花的，提前拿来用用也没有什么问题。

长此以往，这种随存随用的习惯早晚会让孩子们的存钱罐中再也倒不出一分钱，到时候也只能后悔莫及了。存钱是个细水长流的持续行为，只有坚持到最后才能收获胜利。如果发现孩子有这方面的毛病时，父母一定要记得用提示的方法让他们自己进行改正。

3.告诉孩子存钱的重要性

要想让孩子真正地掌握理财的技能，就要多想想有什么方式可以让自己积极合理地得到钱。父母可以帮助孩子制订出一个合理而有效的储蓄计划，这样才可以让自己养成存钱的习惯和理财的思维。如果连自己为什么要存钱、怎么存、存多少都没有数的话，那“存不存都无所谓”的想法就会出现，时间一长自然就会放弃了。而且存钱的方式有很多种，只要自己努力开动脑筋，就能让看似枯燥的理财变成有趣的游戏。

4.管好自己的存折账目

在给孩子讲储蓄的知识时，父母很有必要给孩子设一个专门的账户，然后和孩子谈论一下应该怎么管理上面的那些钱。既然已经建了账户就把零用钱存进去吧，虽然这样一来会让孩子“手头有些紧”，但是当看到存折上的数额越来越多时，也就会有一种成就感。久而久之，孩子们会从这种等待中养成存钱的好习惯。

第五章

储蓄与投资

小孩也能拥有自己的账户

世界上没有不会理财的孩子，只有不勤奋的父母！只要父母们善于发掘，就能够探寻到理财天赋。理财的核心在于：既要运用好现有的财富，又能够在这个基础之上创造出更大的财富。由此可见，想要培养出高财商的孩子，父母既要让他们懂得学会储蓄，又要让他们学会投资，双管齐下，才能练就出真正的财富神童！

钱生钱的小妙招：储蓄

小丽是一名小学二年级的学生，她的性格比较内向，平时不怎么喜欢说话。小丽的妈妈十分注重对孩子理财方面的培养，不仅给小丽买了一些有关理财的画册，还经常带着小丽去银行办理业务。以前，小丽的妈妈觉得在银行排队代理业务很费时间，可是自从第一次带着小丽来到银行之后，她就发现了排队的好处，这样一来，孩子就有了观察别人办理业务的时间。

由于性格内向，小丽平时很少主动和陌生人说话，每次妈妈带她去银行的时候，只要没人逗她玩，她就会像一个小木偶一样跟在妈妈的身后。小丽的妈妈觉得应该让孩子锻炼一下，让她自己去了解一下理财方面的知识，于是坚持让小丽自己观察，很少给孩子讲解具体的知识。

经过一段时间的观察，小丽发现了一个规律：在轮到那些叔叔阿姨办理业务的时候，柜台里面的阿姨就会从里面送出来一沓厚厚的钞票，取钱的人就会露出一丝微笑。在小丽看来，银行是一个非常神秘的地方，里面有着永远也拿不完的钞票。

有一次，小丽和妈妈一起逛商场，当看到一件自己心仪已久的衣服时，小丽坚持要让妈妈买给自己。妈妈觉得那件衣服并不好看，于是告诉小丽自己身上没带那么多钱。可是小丽不依不饶非得要，嘴里还不停地说着："今天一定要买这件衣服，没钱的话可以去银行取啊，银行里面的钱那么多，什么时候也花不完。"

听了小丽的话，小丽的妈妈才意识到自己的疏忽，自己不应该疏忽对孩子的引导，应该用探讨或者其他方式进行交流和沟通，只有这样才可以收到好的效果。

有很多人都用储蓄的方式来进行理财，这种方式对于大多数人很适合。关于储蓄方面的知识，也非常有必要让孩子了解一点。现在有些年轻人工作后成了“月光族”，不仅每月都花光工资，甚至还可能向父母要钱，更别说有自己的积蓄了。我们的孩子现在还小，如果我们不教他们这些储蓄知识，将来成了“月月光”或者“啃老族”，我们又去怪谁呢？

关于储蓄，孩子们即使没有自己接触过，也应该会从父母那里了解一点，在银行存款是有利息的，你存的时间越长，存入的钱越多，利息也就会越来越多，这就是俗称的“钱生钱”。

由此可见，让孩子学会储蓄，将对孩子的理财能力有很大的帮助。那么父母究竟如何引导孩子储蓄呢？不妨看看下面几条建议：

1.让孩子正确地看待银行

由于小丽的妈妈缺乏引导，导致小丽以为银行是可以随便拿钱的地方，父母应该明确地告诉孩子，银行是人们进行储蓄活动的一个非常重要的场所，与其他的投资方式相比，储蓄的收益也许比较低，但却是最安全的。而且，良好的储蓄习惯可以更好地预防未来的不测，当遇到突然需要用钱的情况，储蓄的作用就会发挥出来，帮助你度过财务危机。

2.给孩子开办一个银行账户

当孩子对储蓄有一个基本的了解之后，就要带领孩子到银行进行实地考察了，让孩子观察一下人们是怎样在银行存取款，并了解汇率、存款利率等知识，然后用孩子的名义给他开一个银行账户，让孩子亲身参与到储蓄中来。

当孩子在春节或者生日的时候收到较大数额的金钱时，家长就要及时督促他们存起来，这样既避免了孩子盲目的浪费，还可以让他们养成爱储蓄的好习惯。

3.合理地利用存钱罐和银行卡

在很多孩子的卧室里，基本上都有一个可爱的存钱罐，它的优点就是可以省去很多繁琐的手续，随时都可以把钱存进去或者取出来。

父母一定要告诉孩子，他把钱存到银行的时候，由于银行存款有利息，

自己的钱便会越来越多。所以家长应该让孩子把存钱罐和银行卡联系起来，可以把钱先放在存钱罐里，到了一定数目的时候，再把钱存到银行里。

合理地使用自己的储蓄

刚上初二的小茹是一个学习非常好的女孩，人长得也非常漂亮，不过她有一个坏习惯，那就是花钱的时候总是大手大脚的。为此小茹的妈妈苦恼了很长时间，后来一个好朋友给小茹的妈妈支了一招——让小茹用她自己的积蓄为自己的消费买单。

于是，妈妈和小茹达成了一个约定：妈妈以后定期给小茹数额相同的钱，如果她在很短的时间就把这些钱花完了，她就不能再从父母那里得到额外的补贴，如果确实有需要花钱的时候，妈妈会借钱给她，但等到下个月再得到父母的资助时就要偿还以前的债务。当然，妈妈建议小茹尽量节省一些钱存起来，那么，在自己需要钱的时候就不用向妈妈借了。

在这之后，小茹就开始把数额较大的钱存到银行里面，自己的手里只留下一小部分的零用钱。生日那天，爷爷奶奶又给她包了一个大大的红包，第二天小茹就把这笔钱存到了银行里面。看着自己银行账户上的数字在不断地变大，小茹也感觉很有成就感。

有一天小茹和妈妈一起去逛街，小茹看上了一条很漂亮的裙子，可是上周她才刚买了一个差不多的款式，但小茹还是想要妈妈给自己买下来。妈妈只是从钱包里拿出了银行卡在小茹的面前晃了一晃。这时小茹才意识到，自己之前和妈妈已经有了一个约定，如果再有花销的话就得从自己的银行卡里面往外取钱。

小茹自己想了一下，实在舍不得再从自己的卡里往外取钱了，然后她对妈妈说，自己已经有了一条和这一款差不多的裙子，就不再买这条裙子了。

看到女儿这么懂事，能够懂得合理地运用自己的储蓄，小茹的妈妈感到非常欣慰。

由于孩子的年龄比较小，如果不是父母及时地给予指引，他们是不会考虑那么多东西的，单纯地劝导一般不会起到很大的效果，甚至还会引起孩子的反感。对于孩子来说，一旦父母总是满足他们的要求，他们就会越发地肆无忌惮。在这种情况下，如果孩子的消费欲望得不到有效的控制，长大后的理财能力就会很弱。针对这个问题，我们可以借鉴事例中小茹妈妈的做法——让孩子用自己的积蓄为自己买单。

我们提倡孩子学会储蓄，还要让他们学会科学合理地运用这些储蓄。当孩子在使用自己的积蓄感到心疼的时候，就可以有效地减少孩子花钱大手大脚的现象。以下的几点建议也许可以给父母一点启发。

1.告诉孩子，不要轻易动用银行卡

父母应该告诉孩子，我们存钱是为了避免一些突发情况的出现，如果不是特别紧急的话，最好不要动银行卡里面的钱。否则的话，一旦开了随便动用存款的先河，情况就会一发不可收拾，我们的储蓄也就没有一点作用了。

2.定时存款是一个良好的习惯

我们前面讲过，父母要定时定量给孩子发放零花钱，因此，孩子也要养成定时存款的习惯。在发放零花钱之后。父母就要鼓励孩子把一部分零用钱存到银行中，这样不但可以让钱越变越多，还可以帮助孩子养成良好的储蓄习惯。

比如说，父母每次发完零花钱的时候，可以这样提醒孩子："你不是想买那一款新的游戏机吗?你可以把自己每星期的零花钱拿出来一部分存起来，这样用不了多长时间你就可以买到想要的东西了。"

3.让孩子花自己的钱买东西

自己动手，丰衣足食，让孩子为自己买单是防止乱花钱的好办法。父母一味地为孩子买单的行为，只会让他们提出更多的不合理的消费需求。当孩

子拥有了自己的小金库,花钱的时候也就不会那么随意了,消费的时候也就更加理智了。

小磊的妈妈在这方面做得就很好,从小磊7岁开始,她就让小磊自己支配自己的零花钱,当买一些比较大的物品的时候,她会适当地给予一些指导。

4.让孩子明白一些钱生钱的办法

良好的储蓄习惯不仅可以让我们养成良好的消费习惯,还是一种安全的投资办法。另外,父母还可以让孩子简单了解一下国债、基金等理财产品,可以鼓励孩子运用自己的储蓄去买一些相对安全的理财产品,当孩子看到理财的收益后,自然也就学会更好地利用自己的储蓄了。

比如说,父母可以先利用孩子的名义给他买一份国债,当获取收益的时候,可以告诉孩子购买国债的作用,通过这样真实生动的例子,孩子可以更好地理解什么是钱生钱。

如何选择适合自己的储蓄方式

小可是一名小学四年级的学生,在爸爸妈妈的指导下,他从二年级的时候就已经开始接触一些理财的知识了。经过几年的理财实践,他自己也积累了不少的理财经验。

可是,最近他突然遇到了一个问题,理财的积极性也降低了。父母看到他的这种情况,询问他发生了什么事情,小可垂头丧气地回答道:"我最近想把存下来的零花钱存到银行里面,可是我不知道应该怎么选择储蓄方式,如果是存定期的话,又担心自己会遇到突然需要用钱的地方,如果是存活期的话,利息又低很多,我也不知道应该怎么办。"

听了小可的叙述以后,爸爸妈妈笑了笑,然后根据小可的实际情况,分析了他的主要消费项目，最后建议小可选择阶段式存款的方式，需要用钱的时候比较方便，又可以获得不少的利息。解决了困惑已久的问题，小可的理财热情又重新高涨起来。

“我应该选择什么样的储蓄方式呢？本来我的零用钱就不是很多，要是都存起来，发生一些紧急情况的时候应该怎么办？”在为自己开了账户的孩子当中，有不少都会考虑这个问题。那么，孩子应该根据什么来选择适合自己的理财方式呢？

为了解决这个问题，在这里将给孩子们介绍一些常见的储蓄方式，学过后孩子就会明白怎样才能让自己既不缺钱花又赚到更多的利息了。

1.少存活期

活期储蓄只是用于应付日常生活的“零钱”。通常来说，同样是存钱，存的时间越长，利率就越高，利息也会越来越多。相比起来，活期存款的利率就低得多。父母可以告诉孩子，当自己手中的钱比较多，而且不会有急用的情况下，要尽量多存定期少存活期，这样一年下来所得利息会远多于活期的利息。

2.阶段式存款

这也是我们比较常见的一种存款方式，举个例子来说，如果孩子在15岁时已经存够了9000元（每年得到的压岁钱、存款利息、偶尔打工所得等），那么可以让他用每笔3000元分别建1、2、3年期限的定期储蓄存单各一份，一年后他可以取出到期的3000元，再建一个3年期限的存单。按照这种情况，3年后孩子手中的存单都会是3年期限的，虽然每张存单的到期年限不一样，但这种方式可以让每年储蓄到期额保持等量平衡，这样一来，自己需要用钱的时候比较方便，还可以得到3年期存款的高利。

3. 12张存单法

这种储蓄方式和阶段式存款有相似之处，比如，孩子每月会从父母处得到300元零用钱，可以考虑每个月拿出三分之一，用来做定期存款，选择一年期限开一张存单，这样一年之后孩子手中就会有12张存单了。当第一张

存单到期时，把本息都从银行里面取出来，跟第二张存单的100元相加，再存成为期限一年的定期存单，以此类推。这样孩子手中总会有12张存单。这种方法对于孩子来说非常合适，不仅可以帮他们有效地攒钱，还可以避免急需时损失过多的利息。

4.四分存储

这种储蓄方式对孩子来说也是非常实用的。当孩子手中有1000元时，可以存为4份定期存单，每张存单的金额呈梯形，用来应对可能发生的紧急情况。例如可以运用这种形式：100元、200元、300元、400元。如果在一年内孩子需要使用200元，只支取那张200元的存单就可以了，这样就可以有效地避免为了小钱而不得不损失掉大额利息情况的发生。

让储蓄"运动起来"

"妈妈，我马上要过11岁生日了，这一次我可以用你给我的红包买一个自己很想要的东西吗？不过，它可能有点贵！"约翰小心翼翼地对妈妈说道。

"当然可以啊，宝贝儿，你看上什么东西了？"妈妈好奇地问儿子，她想知道约翰的葫芦里究竟卖的是什么药。

"我想要一台割草机！"小约翰脱口而出。

"你买这个东西干什么？咱们并不是特别需要它。"妈妈很认真地对儿子说道。

"没错，妈妈，咱们家其实根本就不需要割草机，但是咱们的邻居还有其他人都需要修剪草坪。如果我买了他，就可以帮助他们割草，这样就可以挣很多的钱。使用割草机的效率不仅比手工要高，而且修出来的造型非常整齐漂亮。我想一定会有很多人请我去帮他们干活的。"小男孩很有条理地说出了自己的想法。

“这个主意确实不错，你在买割草机的时候妈妈会陪着你一起去，我们要一台最好的割草机。”妈妈听完儿子的话以后，非常赞同儿子的想法。

买完割草机以后，约翰又用零用钱印制了很漂亮的名片。然后把名片分给了邻居，同时他还希望邻居能够给更多的人宣传一下，一个11岁的小男孩随时准备为他们提供最认真的服务。

刚开始的时候，只有一些邻居来找约翰，后来当邻居看到这个小男孩如此认真地工作后，就给约翰介绍了更多的客户。约翰的客人就以这样的方式不断地增多。等到暑假结束的时候，约翰已经用割草机赚了400美元。

我们都知道，金钱不会自己长腿跑到你的腰包里，如果我们只是把钱放在自己的口袋里，不管你有多少钱，它都不会越变越多的。要想让自己手中的钱变得更多，一定要有投资意识，让储蓄“运动起来”。

对于孩子来说，也应该让他们明白这一点。父母应该尽早地培养孩子的投资意识。孩子在正确的投资意识引导下，自然能够找到正确的投资渠道。这样一来孩子拥有的财富才会不断地增多。

投资不仅是为了赚到钱，还是为了享受这个过程中的乐趣。父母应该让孩子明白这一点，不能小看那些很小的投资，要知道财富都是一点一点地积累下来的。父母可以这样告诉孩子，如果把钱放在家中的抽屉里，钱只会越来越贬值。但如果进行理智科学的投资的话，孩子手中的钱就会变得越来越多。那么，父母在培养孩子的投资意识的时候应该注意哪些方面的内容呢？

1.端正孩子的投资态度

投资的过程也是孩子不断学习的过程，做父母一定要首先端正孩子的投资态度。让孩子明白，进行投资活动并不仅仅是为了得到更多的金钱，这只是一种理财方式而已，比得到金钱更重要的就是在投资的过程中人们可以发现很多快乐，如果你一味地想要靠投资赚钱的话，那么肯定会时常因为投资收益的变化而感到焦虑、烦躁等，反而不利于我们身心的发展。

当孩子陷入存钱误区的时候，父母可以给孩子讲一下那些发生在我们

周围的只顾一味挣钱，最后锒铛入狱的事例。通过这样的事例，孩子可以更好地理解“君子爱财，取之有道”的道理。

2.让孩子合理控制投资数额

在选择投资之前，父母要帮助孩子首先对自己的支出有一个客观清醒的认识，先要计划一下自己日常的开销是什么，然后把剩下的钱用于投资，这样做是对自己负责的一种表现。只有自己的生活没有受到威胁，人们才能全身心地投入到自己的事业中来。如果孩子只顾着想要挣更多的钱，不顾自己的实际情况把大部分资金都用于投资的话，那么肯定会影响我们的生活质量，这样一来就违背我们的初衷了。

小楠在学习投资的时候就陷入了一个误区，每月一收到零花钱，她就拿出一大部分让爸爸妈妈帮助自己进行投资，结果自己每个月的零花钱都不够花，虽然投资获取了一定的收益，可是自己的生活质量却没有因此而提高。

3.让孩子明白投资有风险

投资和风险就像是一对孪生兄弟，总是待在一起，我们一定要让孩子明白这一点。在投资的过程中，父母要帮助孩子尽可能多地了解市场信息，并根据局势的变化采取适当的措施，争取把风险系数降到最低。

保险与基金定投，一个都不能少

宝宝的妈妈在银行上班，平时非常注重孩子理财能力的培养，所以宝宝从懂事开始就开始接触理财方面的一些知识。

既为了培养孩子的理财能力，又为了孩子长远的考虑，宝宝的妈妈决定和宝宝一起买一份长期的基金。在得到宝宝的同意以后，妈妈和宝宝每个月各拿出 50 元钱，对于宝宝妈妈来说，她已经在心里算好了一笔账：如果以

100 元为起存的初始金额，每个月投资 100 元，从孩子 7 岁时就开始投资，投资期限为 20 年，按照 10%的年平均投资收益率计算，20 年总共 24100 元的投资本金，却可以一共获得 76670 元的收益。当孩子 27 岁的时候，也正是刚开始在社会上摸爬滚打的时候，这些钱对于他的个人生活和创业都是一笔最好的资金。

巴菲特曾说过一段很经典的话："财富的积累就像滚雪球。"而滚雪球最需要的就是发现湿的雪和很长的坡。对于孩子来说，基金定投或许就是最合适的"雪和长坡"。对于孩子来讲，投资的话一般都选择保险系数比较高的项目。定期定额的优势就是只要是长期持有，而且选择正确的产品，一般都会比较安全，而且它需要投入的并不多，也不会给孩子造成很大的压力。

对于孩子来说，投资方式除了基金之外还可以选择保险。它的出现，就是为了让我们尽量避免风险的影子对我们的影响。不过，有的理财保险在化解和转移风险的同时还能给我们带来一些收益，何乐而不为呢？

所以，我们投资保险的目的，首先不是为了赚钱，而是选择了一种化解和转移风险的有效方式。就像我们平时常见的分红险、投联险、万能险等，都属于这种比较安全的投资型保险。

那么，父母应该如何帮助孩子选择正确的投资项目呢？

1.根据自身的情况选择合适的项目

在帮助孩子选择合适的投资项目之前，父母首先要帮助孩子分析一下自己的储蓄情况，然后根据资金的情况来选择合适的投资方式。

比如说，父母可以引导孩子把压岁钱做成一个存折，然后再从存折里每月划拨这笔基金定投。或者是依靠孩子自己劳动得到的钱，每个月划出来作为基金定投。最后的结果是积少成多，鸡生蛋、蛋生鸡般的复利长期回报。同时父母可以和孩子一起来计算一下投资可能得到的回报，在这个过程中，不仅让孩子学到了很多的投资理财知识，而且也培养了孩子的投资意识和兴趣。

2.重在参与

对于孩子来说，我们鼓励他们进行投资并不是为了让他们能够赚到多

少钱,只是让他们能够多参与一点理财实践活动。掌握一些投资的基本知识,这对他们踏入社会后的帮助是非常大的。

因此,父母在教育孩子的时候,一定要让孩子把握好分寸,不必为一时的得失介意。当孩子因为投资失利而心怀沮丧的时候,父母可以这样鼓励孩子:“我们让你学习理财是为让你多参与一些实践,多积累一些经验,过程比结果要重要得多,只要你经历过了,就不算失败。”

3.了解一些基金和保险的基本知识

父母在指导孩子进行投资的时候,可以让孩子了解一些关于基金和保险的基本知识,比如说基金的分类和风险情况等。

父母可以告诉孩子基金按照收益和风险从高到低排列,大体可以分为股票基金、债券基金和货币基金等。对于孩子来说,货币基金的收入比较稳定,而且风险比较低,是一个非常不错的选择。

让孩子明白积少成多的道理

小李的儿子8岁了,在日常生活中,小李很注重孩子理财能力的培养。例如他很早就开始给孩子提供零用钱,孩子拿到钱的时候很高兴。他把那些钱紧紧地攥在手里,好像一不小心就没有了一样。

第一次小李给了孩子两元钱,可是好几天过去了,那两张皱巴巴的纸币还在孩子的口袋里。小李告诉儿子,既然把钱给了你,你就有权利去支配他,可以随意购买自己想买的东西。

在小李的指导下,孩子渐渐地学会了支配自己的零花钱。有一次儿子见到了一款很帅气的玩具机器人。可是自己手里的钱还远远不够,他把这件事情告诉了爸爸,小李对他说:“要想买机器人就必须自己去解决。你可以先把自己的零花钱存起来，等到自己的存款足够多的时候，就可以买自己想要的东西了。”

儿子听取了爸爸的意见，花起钱来也更加谨慎了。过了两个多月，儿子终于凑够了买玩具机器人需要用的钱，于是小李陪着孩子再次来到了商场的玩具专柜，毫不犹豫地买下了自己心仪已久的玩具机器人。

小李就这样一步步地培养孩子的财商，现在孩子已经养成了良好的储蓄习惯。每当小李给他发了零花钱以后，他都会留出一部分暂时放到储蓄罐当中，存到一定数额的时候，就会让小李把这些钱存到银行去。

储蓄不仅让小李的孩子学会了如何节俭，还让他明白了通过储蓄可以不断地积累财富，因此父母一定要让孩子明白积少成多的道理。

每个父母都不可能陪伴孩子的一生，所创造的财富也是如此。因此，父母需要做的不是努力地帮孩子存钱，而是让孩子学会合理地规划自己的金钱，怎么存钱以及怎么赚钱。

美国的一名富豪在12岁的时候就拥有了自己的第一份工作，当他拿到自己的第一份工资的时候显得特别高兴。但他并没有急着拿自己的钱去买东西，而是全部都存到自己的银行账户中，并且还自言自语地说道：“唉，我又没钱了！”

也就是从那时候起，他养成了良好的储蓄习惯。当他晚年回忆自己一生的时候，觉得储蓄的好习惯给自己带来了很大的影响，大大地提高了他的理财能力，所以他才有了现在的成就。

现实生活中总是存在着各种各样的诱惑，很多成年人会因为无法抗拒诱惑而购买一些自己原本不太想要的商品。由于孩子的自控能力比较差，想要抵御各种诱惑就更难了。当孩子学会了储蓄之后，这个问题就会迎刃而解。

养成良好的储蓄习惯之后，孩子就会对自己的金钱有一个合理的规划。制定一个长期的消费目标之后，就可以在平时把自己的财富慢慢地积累起来，用来完成自己的长期目标。

具体来说，父母应该怎样做才能让孩子明白积少成多的重大意义呢？

1.让孩子明白储蓄的意义

凡事都有一个过程,创富的道路也是如此,财富是需要一点一点积累起来的。父母要让孩子明白“积少成多,聚沙成塔”的道理。在平时的生活中应该注意节俭,及早树立财富意识。父母可以这样对孩子说:“良好的储蓄习惯不仅可以让你的财富越变越多,而且还可以用它处理一些应急情况,比如说当你想买一件比较贵的玩具时,就可以把自己的储蓄拿出来,也就不会为自己没有钱而发愁了。”

2.别让孩子小看小钱

古语有云:“不积跬步,无以至千里”,这句话就说明了小事的重要性,不管一个人有多大的能耐,也必须脚踏实地一步一个脚印地走。父母应该让孩子明白,不要小看一些小钱,很多富翁都是白手起家,他们都是从一些小事做起,逐渐走上了一条宽广的富裕之路。还要让孩子明白的是,孩子可以在那些经济活动中学到一些知识,不断地提高自身的素质和各种能力,这对孩子的一生都会产生很大的影响。

3.给孩子准备一个存钱工具

为了能够让孩子更能理解每分钱的珍贵,父母可以根据孩子的兴趣爱好给孩子准备一个别致的存钱工具,或是一个制作精美的存钱罐,或是一个简洁方便的小抽屉,一旦孩子被这些物件所吸引,也就有了存钱的乐趣。

开拓财富思维

日本的一家生产圆珠笔芯的公司最近遇到了一个难题。他们生产的圆珠笔芯上市以后受到了很多人的热烈欢迎,因为这种笔芯从来不会断油,而且书写的时候也非常方便和流畅,在教育领域,许多人喜欢使用这种笔芯,尤其是广大的中小学生更是对这种笔芯有一种疯狂的热情。

可是后来人们渐渐发现，还没有等到笔芯中的油用完，笔尖上的钢珠就脱落掉了。虽然人们很喜欢用这种笔芯，但是总觉得还没等笔芯用完就扔掉有些可惜，又过了一段时间，这种笔芯的销量不像之前那样卖得非常火暴了。

这引起了公司高层领导的重视，他们也很着急，于是命令技术部赶紧进行科研攻关，要求他们在最短的时间内攻克难题。可是又过了几天，技术人员绞尽了脑汁依然没有想到解决问题的方法。让人们万万没有想到的是，这个让技术人员头疼不已的问题，竟然被一个年仅10岁的小女孩解决了。

幸子的爸爸就在这家公司上班，有一天幸子看到爸爸回家后又是一副心事重重的样子，懂事的她已经觉察到爸爸最近的工作可能不太顺心。这一次她终于忍不住心中的疑惑，开口问道："爸爸，发生什么事情了吗，为什么总是不太高兴啊？"

爸爸叹了一口气，对幸子说道："工作上遇到了一点小小的问题，我本不想告诉你的，给你说了你也不会明白的！"

"爸爸，您跟我说说嘛，也许我还能帮你想想办法呢。"女儿向爸爸撒娇。

在女儿的再三要求下，爸爸还是把事情的原委一丝不落地叙述了一遍。听完以后，女儿很认真地问爸爸道："您说的就是给我带回来的那种笔芯吗？"

"对啊，就是那种！"爸爸答道。

"那如果真的是这样的话，您为什么不尝试一下把笔芯截去一部分，这样一来就可以在在钢珠用坏之前把里面的芯油用完了！"

爸爸听了女儿的话以后恍然大悟，最近一段时间他们一直想着如何在钢珠的质地上下工夫，谁也没有换个角度想一想笔身长度的问题。

随后，爸爸把女儿的方案提供给了公司，很快公司领导就采用了这个方案，还给予了一笔丰厚的资金作为奖励。

山重水复疑无路，柳暗花明又一村，有时候如果稍微注意一下细节，就可能会有意想不到的收获。幼小的幸子就是凭借自己的聪慧不仅让爸爸走出了烦恼，还给家庭带来了一笔丰厚的收入。由此可见，在孩子的理财课上，

财富思维的拓展是很重要的。不管在哪个时代,也会有贫穷和富有的区别。很多时候,一个人的思路也就决定了他所拥有的财富量。

有些人一生平平庸庸、碌碌无为,把别人的成功统统归为走运;还有的人继承数以万计的财产,但是因为没有很好的理财办法,连自己现有的财产都保不住,更不要说去赚取更多的财富了;可是对于那些有头脑的人来说,他们总是能够迅速准确地发现财富的藏身之地,并且以最快的速度出击抢占先机获得财富,这样的人才是财富真正的拥有者。

财富的源头就是思想,一个人要想获得成功就必须具备这样的素质。对于孩子来说,他们的身上都具有这种潜力,只要父母善于发掘,他们就能将它施展出来。做父母的要让孩子明白,在看似穷途末路的地方把思路变一变,把眼光放到别人不曾到达的地方,也许会有一番别样的风景。父母们不妨从以下几个方面做起:

1.培养孩子随机应变的能力

拥有一个正确的思路在追求财富的道路上很重要,同样,变通也是我们在这个世界生存的重要法则。当继续往前走没有希望的时候,不要一条道走到黑,不妨去另辟一条新径;当一种方法行不通的时候,应该懂得转变角度,采取另一种方法。

比如说当孩子一直选择一种投资方式的时候,父母不妨鼓励孩子开拓一下思路,多选择几种投资项目,买基金的同时还可以考虑一下保险,尽可能地规避可能带来的风险。

2.让孩子学会考虑他人的需要

要让孩子学会设身处地地为他人着想,只有这样做才能知道别人最需要的是什么,那样的话自己就会占据主动权。当一个商人能够站在消费者的角度思考问题的时候,他就能生产出人们最需要的商品;当他们站在竞争对手的角度考虑问题的时候,就能够找出对方的软肋,从而让自己立于不败之地。

3.让孩子明白该出手时就出手

机会来临时总是稍纵即逝，要让孩子明白“机不可失，时不再来”，当机会降临的时候要果断地出手。比如说当孩子在选择投资方式的时候，一旦考虑好了，父母就要鼓励孩子果断地出手，一旦错过最佳时机，后悔也来不及了。

小小少年学投资

小静的父亲在银行工作，十分注重对孩子理财能力的培养，他常常和孩子玩一个游戏——怎样使自己生活得更好。这个游戏的主角不是人，而是一只狗。小静的父亲喜欢用资料去说服孩子，而这个资料通常是由小静算出来的。

有一次，小静对父亲说道：“把那些剩下的狗粮先存起来，等没有食物的时候就可以拿出来使用了。”

这是我们通常用到的一种理财方式：饱时不忘饥饿时，储备粮食，这和到银行存钱的储户心理相差不远。

小静的父亲并没有直接夸赞孩子，他希望听到一个更好的方案，但是由于小静年龄比较小，没有多少社会经验，一时之间她也想不到什么好办法。

“把狗粮储存起来，就可以保证狗什么时候都有食物吃。可以想到，狗的基本生活已经有了保障，可是它的生活并没有过得更好。”小静的父亲已经悄悄地在影响孩子的观念。

“那么，我把剩余太多的狗粮以较低的价格卖出去怎么样？这样，这些狗粮既避免了放太长时间坏掉，我又能拿这些钱买些更好的肉骨头之类的，爸爸你说怎么样？”小静说。

“太棒了孩子！这就是一种投资！”爸爸兴奋地喊道。

小静的爸爸用一个有意思的游戏告诉了孩子投资的概念，为了让狗的日子过得更好，小静就会想着把多余的狗粮换成其他的东西，其实这也是投资的意义所在，把多余的东西转换成其他自己所需的东西。

要想让孩子理解投资，还必须要和储蓄相比较。父母这样可以告诉孩子："咱们把钱省下来并不是为了存到银行里，储存是为了积累投资的资本，而投资则可以使我们的钱越变越多，提高我们的生活品质。当然，投资的前提是我们的基本的生活需求已经得到满足。"

当孩子意识到温饱并不是生活的最高需求之后，就会渐渐明白投资是一件很好的事情。作为一种理财的手段，投资的目的是把死钱变活。父母可以告诉孩子，快乐不是靠物质去衡量的，我们更应该注重精神上的东西。让孩子知道，投资并不仅仅是为了让钱越变越多，还是为了缔造和享受快乐。

凡是投资都会有风险存在，因此，父母在指导孩子投资的时候，一定要注意以下几点：

1.让孩子正确地看待投资

态度决定行为，在指导孩子投资的时候，父母一定要端正孩子的投资态度。让孩子明白，投资作为一种常见的理财方式，并不仅仅是为了得到更多的金钱。在投资的过程中我们还会收获很多的快乐，这是金钱所买不到的，善于投资的人往往过得比较快乐。

如果孩子在投资的时候只关注收益问题，那么他们就会时常因为投资收益的变化而感到焦虑、烦躁等，反而对孩子的成长不利。

2.投资数目并不是越多越好

父母还要让孩子明白，投资的时候应该以不影响自己正常的生活为前提。让孩子首先对自己的经济状况有一个清醒地认识，并把自己的基本日常开支拿出来，然后把剩下的钱用于投资，这样做是对自己负责的一种表现。只有在自己的基本生活需求得到满足之后，人们才能全身心地投入到自己的事业中来。如果孩子一味地只想赚更多的钱，不考虑自己的现实状况，把大部分资金都用于投资的话，只能会降低自己的生活水平，也就得不偿失了。

3.投资与风险

投资与风险总是如影随形,父母一定要让孩子知道这一点。在投资的过程中,父母要帮助孩子尽可能多地了解市场信息,根据市场的变化采取相应的策略,争取把风险降到最低。刚开始的时候可以投资的少一点,这样即使有了突发情况,也不会损失太多。另外一种方法就是分散投资,孩子可以把自己的投资资金分成好几部分,然后把这些资金用于不同的投资项目中,这也是一种比较好的理财办法。

4.从游戏当中获得启示

为了让孩子更好地理解投资,父母可以和孩子玩一些投资的小游戏,比如说:父母可以在纸上画十几个圆,并且标上位数,然后用抽签方式决定双方占有的圆圈;大家可以在自己的圈圈里盖房子,也可以在圆圈内建造自己觉得满意的设施和投资方案;在游戏开始的时候,双方都会有 20 万元的原始资金,谁的圆圈里投资所获得的收益最大,谁就是获胜者。

通过这样的投资小游戏,孩子很乐于而且可以很直观地了解到关于投资的一些方式,父母们不妨尝试一下。

更多大额压岁钱的处理方法

赵明已经是六年级的孩子了,这个春节,他回到了四五年没有回去的老家。看着大孙子回来,爷爷奶奶当然非常高兴,每天都给他做好吃的,带着他出去玩。除夕夜那晚,爷爷奶奶给他封了一个 2000 元的大红包,姑姑和叔叔的红包也都有 500 元之多!一下子,赵明成了个小富翁了!

“爸,怎么给孩子这么多钱啊?他才多大,不能这样的!”看到这个样子,赵明的妈妈急忙说道。

“怕什么?”爷爷说道,“马上就是上初中的人了,已经是大孩子了!”

“可是……”妈妈还是十分地担心。这些年,孩子因为压岁钱而出事的新闻不在少数:有的孩子拿着钱去网吧,几天几夜不出来;有的孩子拿着钱大手大脚,不到一个星期就花了几千元;还有的孩子,甚至拿着钱抽烟喝酒……

可是,既然爷爷说了,自己该怎么办呢?强行把赵明的钱要过来,必然会引起孩子的反感,甚至爷爷奶奶也会不高兴;但如果由着孩子自己花,万一出点事情该怎么办?

想到这里,妈妈的心里的担心到了极点。

赵明妈妈的心态,绝大多数的父母都曾有过。毕竟让一个10岁左右的孩子怀揣数千元,这样的事情太危险!

大额的压岁钱放在孩子手中会有些不放心,那么此时父母应当怎么做?存进银行当然是一个不错的方法,但还有其他的一些方法,我们都可以去尝试。父母要记得,处理大额压岁钱,不仅仅是为了保护孩子,更重要的是提升孩子的财商,引导孩子去花每一分钱,千万不要任由孩子乱花,要让孩子把钱用在该用的地方。

通常来说,儿童教育专家都有这样一种观点:在处理孩子压岁钱的时候一定要征求孩子的意见,这是对孩子的一种尊重。在此基础上,我们还要做到以下几个方面:

1.小账本要建立

不成熟的父母,只会数落孩子乱花钱,却不帮助孩子将压岁钱规划。想要做一名成功的父母,想要扭转孩子将压岁钱大手大脚花掉的习惯,父母就应该为孩子准备一个小账本,让孩子把自己花出去的每一分钱都记在账本上,孩子需要钱的时候就向父母要,花出去之后就记账,要把每笔费用的钱数和用途都记录下来。

倘若压岁钱的数目非常大,那么孩子想要进行花销,还必须与父母进行商量。当然,这不是要求父母去强迫孩子,而是应当用一种平等的口吻说:“你要的这个东西是必需品吗?如果是,那么咱们不妨去多挑一挑,尽量找到物美价廉的。如果不是,那么我们还是不买为妙。”

这样的交流,就会让孩子养成不乱花钱的好习惯,知道如何去分配自己的压岁钱。通过孩子的小账本,家长可以一目了然地知道孩子资金的用途,可以很好地掌握孩子的消费方向,可以及时地对孩子的消费观进行纠正,慢慢地孩子就会养成勤俭节约的好习惯。

2.购买大件物品

每个孩子都有自己喜欢的大件商品,一旦得到零花钱,他们的第一想法就是赶紧去买。对于这样的孩子,我们既不要训斥也不要赞同,而是应当进行分析和引导。我们可以允许孩子用压岁钱买一台电脑、一件乐器、一个运动器材,等等,因为这些东西都对孩子的成长非常有帮助。当孩子在用自己的钱买这些东西的时候,用起来会更有劲头,同时心中还会升起一种自豪感。

3.用压岁钱订购学习资料

让孩子用压岁钱为自己购买一些益智玩具及学习用品,这样不仅有助于启迪孩子思维,还能帮助孩子学好功课,增长智慧、增长知识,开阔眼界。学习资料可以循环利用,读完之后可以捐给那些需要的人,让那些小朋友也学到童年应该得到的知识,这真是一举两得。

4.将钱财贴补家用

有一些孩子的压岁钱非常惊人,甚至可以抵得上父母一个月的工资。这个时候,父母就应当让孩子理解家庭的艰辛,让孩子知道挣钱的不容易。当孩子看到自己的家庭状况之后,心中就会有一种为家庭分担的责任感。

一旦孩子产生了家庭责任感,那么父母就应当借机引导孩子为家庭出力。父母不妨对孩子说:“爸爸妈妈知道,你的压岁钱很多。那么,能不能拿出来一部分,帮助家里改善生活呢?咱们每个月的房贷非常高,如果有你的一份贡献,那么咱们家肯定会更幸福!”这样的语言,必然会让孩子欣然拿出自己的一部分压岁钱来贴补家用,减轻父母的负担。让孩子的压岁钱得到了合理的使用,同时又对家庭有了更深一步的理解,这样的孩子怎么可能乱花钱,怎么可能没有一个高财商?

买一份保险，为孩子买一份未来储蓄

杜新是一家保险公司的职员，总是时刻惦记着自己的工作，他的朋友平时就经常收到他发送的保险新产品或者保险理财理念的电子邮件。

有一天，他和朋友在一起谈论投资的话题，他说道："投资嘛，这个事情很简单，我这里都是现成的好方案，既可以保证能够有收益，又没有那么大的风险！"

"你的方案就是你口中那万能的保险吧，是不是？"虞红调侃他说。

杜新急忙解释道："虽然我的工作是保险，可从来没说保险是无所不能的啊！不过保险倒是无时无刻不存在于我们的周围，孩子在学校都办理有平安险，在座的各位都参加了社会保险，那些做生意的人还买有商业保险。保险是一种最古老的风险投资方法，也是现在人们接触比较多的投资方式之一，不仅存在，而且日益发达，其实这也是大势所趋。"

这时，一位朋友的儿子在一旁听到了杜新说的保险，很好奇地问："叔叔，保险不就是把自己的钱交给别人吗？后来他们也没有给我们钱，那保险怎么赚钱呢？"

在日常生活中，虽然孩子们也经常听到保险这个词，但是他们对保险的理解，绝对还是一个很模糊的概念。

这时候，杜新立刻展示了他经过专门培训之后的专业素质，答道："人生不管是生活还是投资，机遇和风险总像一对孪生兄弟陪伴在我们身边，如影随形，我们不能够提前预知，只能做好所有的准备！"

对于很多家长来说，抚养一个孩子的主要压力来自于教育基金和医疗费用。保险是一个很有效地减轻这方面支出的一个好办法。就像我们事例中杜新所说的那样，我们对未来无法预知，只能提前做好所有准备。当孩子小的时候，父母就应该给孩子购买一份准备教育金和保障型的保险。

同样，也有很多父母对保险的认识存在着误区，他们觉得这其实是浪费金钱，其实不然，和其他的理财方式相比，保险给我们的是一种保障。这是其他的理财方式所欠缺的。亚洲首富李嘉诚曾经说过，“除了给家人买的保险是自己的钱之外，其他的钱都不属于我自己。”

现在的保险种类这么多，父母应该怎么选择适合孩子的保险类型呢？

1.教育类型保险不可少

对于孩子来说，受教育的时间是比较长的。近几年来，儿童教育保险由于具备了保费豁免的功能，也成了更多父母的选择。保费豁免是指一旦家长在缴费期间发生意外无力继续缴费，作为保险公司来讲，剩余的保费可以不用交，而且保单的各种保证功能还继续有效。这就保证了孩子后期的教育不会因意外情况而受到影响。

2.保障性儿童保险

孩子的健康也是父母一直很关注的问题，而保障性的儿童保险主要是解决孩子的医疗费用和提供意外保障的功能。一般来说，对于每一个儿童，每年只要交纳几十元钱就可以得到比较综合的保障，相当划算。如果家庭的经济情况允许，还可以购买重大疾病保险作为补充。

3.根据情况选择一些投资型保险

由于每个家庭的情况不一样，投资型的保险主要对于那些经济条件比较好的家庭。在选择一些保障型保险的同时，还可以适当地选择一些投资型的保险，既可以让手中的钱不断升值，又在潜移默化中提高了孩子的理财能力。

别掉进投资陷阱

7岁的小米知道很多理财知识，股票、基金、保险等，好像他都略知一二。这并不奇怪，小米的父母都是做买卖的，平时也会炒炒股，没有事的时候，也会在家里给小米讲一些投资的观点：“聪明人就要学会让钱生钱，巧妙地利用每个机会”一类的大道理。

在父母这种思想的影响下，小米也渐渐地开始喜欢有事没事地去琢磨怎么才能“抓紧机会去赚自己的零用钱”。不久之后，他还真找到了一个赚钱的好办法：在考试的时候给同学传纸条，然后同学会付给他相应的报酬。

小米的父母知道以后严厉地批评了他这种行为。可是小米辩解道：“你们不是说要好好利用可以赚钱的机会吗？我这样做有什么错？”

按照小米的观点，他似乎只是在利用自己的“智慧”进行投资，然后赚取金钱，但其实小米已经被其父母误导，对“投资”的理解有了一点偏差，把自己的价值观与是非观也一并扭曲了。小米给同学传纸条的行为非但帮不了同学，对他们今后的学习与心态也会产生不好的影响。

在培养孩子财商的时候，我们希望孩子能够对投资的知识有所了解，但是一定要让孩子对投资有一个正确的认知，在选择投资项目的时候，要符合道德的范畴和法律的规定，不义之财不可取。

那么，还有哪些投资陷阱是需要父母提醒孩子注意的呢？

1.投资不等同于投机

投资是正当、合法、合理的一种理财方法，投机却正好相反。投资需要的不只是人们的智慧、经验与技能，更需要人们拥有正确的价值观、是非观，一定不能做那些违法的事情。父母可以这样告诉孩子：“金钱只不过是一种工具,是为我们服务而存在的,如果一直把赚取金钱作为毕生的追求,那么就算这个人成为了大富豪,最后也不会过得幸福。"

2.量力而行进行投资

我们鼓励孩子在自己的能力范围之内进行投资,但是一定要让孩子清楚自己的经济情况,我们投资是为了提高生活的质量,如果因为投资让我们陷入财务危机,那就违背我们的初衷了,因此,父母一定要提醒孩子注意这一点,当孩子想要把自己的零花钱全部投资时,父母可以这样告诉孩子:"你把钱全部用于投资,如果你急需用钱的时候怎么办呢?你先要清楚自己日常的开支有多少,除此之外的资金你可以用于投资,这也需要量力而行,明白吗?"听了这样的话之后,孩子自然也就懂得根据自己的条件来进行投资了。

3.规避风险投资

由于孩子的社会经验不足,很容易陷入投资陷阱,因此父母一定要予以准确及时地指导,多选择一些风险系数比较低的投资项目。否则一旦投资失败,孩子很容易会心灰意冷,这对提高孩子的理财能力只会起到消极的作用。

比如说,当孩子把自己的钱都投到一个项目上去的时候,父母可以这样提醒孩子:"宝贝,你这样做就等于把所有的鸡蛋都放到一个篮子里面,一旦篮子破了,你就什么都没有了;如果你把这些鸡蛋分别放在不同的篮子里,出现突发情况的时候,你也许可以留下一些鸡蛋。"通过给孩子讲述这样的例子,孩子自然也就明白规避风险的道理了。

第六章

省钱

节俭是永不过时的好习惯

陆游曾经说过："天下之事，多成于节俭而败于奢靡。"在培养孩子财商的时候，节俭也是一个永不过时的理财好习惯。在日常生活中，父母可以通过自己的一言一行来给孩子传授一些节俭妙招，比如说如何砍价、挑选打折商品，等等。当孩子有了这些实战经验之后，自然也就成为一名节俭小高手了！

购买能力——孩子要懂得的常识

小莫是一名14岁的中学生，看到同学们一个个都拿着手机，他也一直想要一个。于是，他决定自己把零花钱节省下来买手机。

后来，小莫的父亲知道了这件事，就和他进行了一次谈话，在说到手机的话题之后，他们先谈论了一下手机的性能和价格，然后，父亲问小莫："当你存够钱买了手机之后，话费的问题怎么解决？"

这一下子难为住了小莫，他从来没有考虑过这个问题。小莫的父亲接着说道："手机在使用过程中需要持续地投入资金，主要的支出也就是花费，当你考虑购买手机的时候，也要考虑一下你有没有承受的能力。持续的话费支出也应该算入购买成本。

在父亲的提醒之下，小莫还想到了手机的后期维护费用，这些自己之前都没有考虑到，综合考核了自己的购买能力之后，小莫决定过一段时间再买手机。

由于小莫在购买的时候没有考虑到自己的购买能力，所以在关键时刻卡住了。评估自己的购买能力还要算上自己的附加投资，就像购买手机的时候还要考虑话费和后期的维护费用，等等。

父母给孩子零花钱以后，孩子就有了自主消费的机会。随着时代的进步，孩子手中的零用钱越来越多，有很多孩子从小就养成了盲目消费的习惯。因此，在消费的过程中，父母一定要让他们了解，购买也需要量力而行。

由于孩子缺乏社会经验，考虑事情时难免会不全面，父母在这个时候更应该给予孩子积极的引导，让其正确的理解购买力的问题。

1.让孩子学会谨慎消费

孩子在购买东西的时候多半是凭一时的喜好，他们从来不关心商品的价格，只要是自己喜欢的商品，就不顾一切地缠着父母买下来，因此父母一定要让孩子明白谨慎消费的重要性，要根据自己的家庭经济条件来选择合适的商品。

另外，我们还可以选择合适的购物时间，比如说在商品促销打折的时候购买，或者是换季购买，等等，这样既可以买到必需的物品，又节省了不少的钱。

2.让孩子选择适合自己的消费内容

很多父母给了孩子零花钱以后就不管了，孩子把钱花到了哪里也是全然不知。殊不知，很多孩子越来越倾向成人化消费。例如，很多孩子为了让自己看起来更加成熟就盲目地学习抽烟，从不考虑香烟对人体的危害。

此外，还有一些中学生经常出入网吧、迪厅等场所，这些场所中的人员比较复杂，孩子很容易受到不良分子的影响，这对孩子的成长极其不利。由此可见，父母一定要引导孩子选择合适的消费内容，比如说购买一些有益身心的书籍、日常用的文具，等等。

3.用理智的眼光看待

商家为了让自己的商品卖得更好，经常会用广告来吸引消费。父母应该让孩子知道，广告经常会刻意地夸大事实，所以不能仅仅凭借广告来断定商品的好坏。

在购买广告中打折商品的时候，父母可以让孩子对比一下同类的商品，并把它们的价格和质量做一个对比，一旦孩子发现广告中的商品不是最适合自己的时候，他们对广告的认识就又加深了一步。

4.父母要多和孩子交流消费心得

只有经过交流才能够发现问题，父母可以每过一段时间开一次家庭消费交流会，让孩子说出自己的体会。当孩子的消费目的是正确合理的时候，父母一定要给予积极的鼓励；如果有不当的消费行为时，一定要及时地纠正，父母可以介绍一些具体的实例来让孩子明白购买能力的含义。

比如，当孩子新买一件商品的时候，父母可以和孩子探讨一下商品的性

价比,还有这样东西是不是自己必需的。通过父母这样的引导,孩子可以很好地反思一下自己的消费行为。

通货膨胀,我们的钱哪儿去了

星期天的晚上,徐珊和爸爸一起在电视机前看新闻,在看了一则经济报道后,徐珊不解地问道:“爸爸,什么是通货膨胀?”

听到徐珊的问题后,爸爸决定举一个实例来帮助她理解。他问徐珊:“你们现在吃的雪糕,是多少钱一根?”

“我平时只吃一元的,家里有钱的同学吃5元的!”徐珊答道。

爸爸听了笑着对徐珊说道:“你姐姐小时候的雪糕是两角一根。而我小时候吃的雪糕才两分钱!”

徐珊听了以后,惊讶地看着爸爸。她的储蓄罐里现在只有为数不多的1角和5角的钱,都是之前爸爸妈妈在超市买完东西后剩下的零头,在她看来,1角和5角能够买到的东西都已经很少了。

爸爸接着说道:“你一定很惊讶吧,爸爸小时候要两分的东西,姐姐买的时候就变成了两角,现在就需要一元钱才能够买到!而让那两分钱的东西慢慢变成一元钱的家伙,就叫通货膨胀!它的出现导致钱越来越不值钱,也就是我们通常所说的钱越变越少。虽然钱的总数没有少,可是我们能够买到的东西少了,也就意味着我们的钱变少了。”

听到这里,徐珊也大概明白了:“爸爸,我知道了,通货膨胀是个小偷,我们的钱是让它给偷走的,真是可恶。”

“你说的没错,通货膨胀像个小偷,会把我们存在银行里的钱不知不觉地偷走,只有等到我们买东西的时候,才会发现钱变少了。可是那个时候就已经太晚了，那些钱也追不回来了！”

就像徐珊的爸爸所说的那样，通货膨胀总是在不知不觉中就带走了我们的钱。对于孩子来说，了解通货膨胀有利用孩子正确地评估自己的购买能力，在合适的时间购买合适的东西。

对待通货膨胀这种常见的经济现象，我们应该让孩子了解一点，这对提高孩子的理财能力是很有帮助的。

1.用生动的例子来向孩子讲明通货膨胀的意义

关于这点，我们可以效仿徐珊爸爸的做法，用例子来告诉孩子什么是通货膨胀，比如，父母可以这样向孩子解释：“之前我用100元买到的东西，现在要更多的钱才能买到，也就是说我们要支付更多的金钱，才能维持和原来一样的生活水准。”这样一来，孩子很快就会明白通货膨胀是什么意思了。

2.规避通货膨胀的不良影响

通货膨胀作为一种不可避免的经济现象，和我们的生活可谓是息息相关。要避免因通货膨胀而受到损害，就要求每个普通人都得努力把自己锻造成“斤斤计较”的理财好手。只有这样，我们才能永远把我们手中的钱价值最大化，比如说，通胀严重的时候，我们可以适当地少购买一些物品，只买那些自己需要的，或者是反季节购买一些物品。

经济常识，孩子必须懂

晗晗的父母是做外贸生意的，常年在商场上摸爬滚打，他们明白高财商对孩子非常重要。因此，从晗晗懂事开始，他们就开始给晗晗讲一些理财方面的知识。

在晗晗7岁的时候，已经是由自己来支配零花钱了。别看她年纪很小，可是在妈妈的指导下，她的理财能力提高得特别快。

因为晗晗的父母是做生意的，市场上的很多经济情况他们都经历过，耳濡目染之下，晗晗也接触到了不少的经济常识，每当她口若悬河地给同学们分析当下发生的经济现象时，同学们都很诧异她知道这么多经济常识，对她充满了仰慕之情。

现代社会是经济时代，要想提高孩子的财商，就必须要让孩子了解一些经济常识，这可以帮助孩子更好地了解这个社会。就像我们事例中的晗晗一样，从小就接触了这么多的经济常识，长大以后就会更好地规划自己的财务了。

有的父母可能会觉得经济是一门高深莫测的学问，孩子理解起来有点困难。但是经济与人们的生活密切相关，非常有必要让孩子了解一些基本的知识，父母可以给孩子讲一些既重要又很容易理解的知识，这样孩子既不会反感又学到了一些基本的知识。

那么，父母在告诉孩子一些基本常识的时候，应该注意哪方面的内容呢？

1.让孩子知道一些必备的经济学知识

在让孩子了解一些经济学的常识之前，首先要给孩子理清一些基本的概念问题。例如生产要素、分配的原则等。当孩子弄明白这些基本的概念之后，就能更好地学习相关的知识了。

首先是关于生产的一些知识，即生产的要素，其中包含劳动和非生产劳动的区别、资本的概念、合作劳动的含义等。还可以让孩子了解一些所有制的内容，包括什么叫所有制、利润和工资的分配等。

当然，关于交换的内容也是需要孩子了解的。我们可以告诉孩子，货币的价值取决于生产费用，它代表着一个国家的信用，而且直接影响物品的价格。

2.让孩子明白必须遵守市场经济的规则

我们身处的时代实行的是市场经济体制，它有一个自己的规则来约束市场上的人，父母可以这样对孩子说："如果一个人不遵守规则的话，就会四处碰壁，甚至有可能会被驱逐出市场。要想在这个市场中发展，就一定要遵守市场上的经济规则。否则的话，学习再多的经济学知识，也不会起到什么实际的作用。”

3.给孩子买一些适合青少年看的经济类书籍

现在有很多出版社都根据孩子的特点，出版了一些适合他们看的经济类书籍。父母可以给孩子买一些这类的图书，不过在选书的时候一定要尊重孩子的意见，找一些比较生动活泼的书籍让孩子看，只有孩子喜欢的东西，他们才能够全心全意去投入精力探索。

4.让孩子多看看财经类的电视节目

财经类的电视节目都是和经济有着密切关联的，枯燥无味的经济学知识也会在这种节目上阐释得非常生动。当孩子观看那些生动有趣的财经故事时，他们就会在潜移默化之中学到一些经济知识，这是让孩子学习经济学知识的一个非常好的办法。

养成合理消费的好习惯

小芳是一名小学三年级的学生，过年的时候，她拿到了一千多元的压岁钱。小芳计划着，存够两千多元的时候就去买一台自己仰慕已久的学习机。

在一个星期天，小芳和同学们一起去逛超市，在一个布偶的专柜，小芳看上了一款新出的维尼小熊娃娃，可是价格就要好几百元，刚开始小芳还在犹豫着一旦买了这个小熊娃娃，自己就要晚点才能买学习机了。经过一番挣扎之后，小芳最终没能抵制住诱惑，买下了那个小熊娃娃。

又过了几个星期，小芳看上了一套新的运动服，在说服自己之后，她又买了下来。就这样，一看到自己喜欢的东西，小芳就克制不住要买下来，没过多久，所存的一千多元钱就所剩无几了。

到了放暑假的时候,小芳在商场看到了自己所喜欢的那款学习机,这时她才意识到学习机才是自己最想要的,可是自己已经没有钱去买了,小芳别提有多后悔了。

看到什么就要买什么,这是每个孩子都会有的消费冲动。尤其是年纪比较小的孩子,就更不容易抵制这种诱惑了,再加上一种攀比心理,就更加容易出现消费的冲动。虽然孩子的这种行为还算不上是购物狂,但也属于一种不合理的消费行为。

大多数的孩子对金钱都没有概念,手里有钱就花掉,花完就伸手向家长要,根本没考虑所买的东西到底是不是所必需的,也说不出来钱究竟用到了什么地方。用金钱来换取自己商品的过程,对这类孩子来说只是一种神奇的体验。

不过,因为孩子还小,消费习惯也是可以重新塑造的,父母一定要利用这个机会进行积极的引导。在孩子出现冲动消费的行为之后,我们一定要及时安慰孩子,不能让孩子因此而产生不自信和自责的情绪。

那么父母应该怎样帮助孩子避免"冲动购物"的问题呢?可以从以下三个方面着手:

1.帮孩子分清楚"需要"和"想要"

要想避免冲动型的消费,我们首先要帮助孩子分辨"需要"和"想要"的不同。这对他们现在或是将来的理财能力起着决定性的作用。在去商场购物的时候,父母可以带着孩子,让他们自己去挑选想要的东西,然后帮助他们区别出哪些是必需的,哪些是一些不必要的东西,这样会让孩子区分得更清楚。

日常生活中,父母还要从言语方面有所注意。是否把"需要"用在了必需的事物上?如衣食住行方面的开销。是否把"想要"用在了希望拥有能令你感到舒适与快乐的事物上?如零食、课外书、玩具等。

例如,当孩子想要购买一个不必要的玩具时,父母可以引导孩子去思考为什么要买这件玩具,应该什么时候去购买,让他自己分析出对这个玩具到底是“需要”，还是“想要”。

2.货比三家的冷却策略

如果“需要”和“想要”的方式还不能抑制孩子的消费欲望时，父母可以采用货比三家的消费办法，多去比较一些同类型的商品。

当他看到同类型产品的不同价格时，也就明白了一时冲动可能买不到物美价廉的商品，继而就会学着进行理性消费。同时，这个办法还可以分散孩子的注意力，暂时平缓消费的冲动。

3.父母多用缓兵之计

当孩子要钱买一些不必需的东西时，父母一定不可以盲目拒绝，那样只能会让孩子产生更大的抵触情绪。这时，父母不妨用一些缓兵之计，不马上答应，但也不完全否定，利用这段时间的冷却，耐心地帮助孩子分析什么是必需，什么是想要，让孩子学会暂时放弃。

培养孩子做个小“换客”

小新是小学三年级的一名学生，她的父母平时非常注重对她进行财商教育，所以小新平时就可以妥善地管理自己的零花钱，偶尔还会在父母的指导下进行一些小投资。

一天早上，小新的父母突然看到她的书包鼓鼓的，好像除了书本以外还带了什么新的东西，于是询问她装的是什么。

小新回答说，那里面装了一些自己用不上的东西，她要把这些东西拿去和同学们交换。当一名“换客”。原来，小新是从电视节目上得到了启发：一个人用别针换下去最后换了一套房子的一年居住权。由此，她也想尝试一下，而且她同时还帮助同学互相换东西，做起了换客“中介服务者”，如果双方交

换成功的话,就要给她一个小东西。

小新的父母听了以后非常惊奇,这种想法连大人都很难想到,或者不愿意去想,可是小新已经展开行动了。

一周之后,小新向她的父母展示了自己的成果:用卡通橡皮换了一个仿水晶球;用一个大贴画换了5张小贴画;用一个精美的小铁盒换了几块橡皮;用彩色串珠换了几块吸铁石。

在小新和同学们交换物品的时候,并没有考虑所换物品的价格是多少,他们考虑的是自己是否喜欢,自己多余的东西就是没有价值的东西,而换来的东西却可能有很大的价值。在这样的活动当中,不仅锻炼了孩子自身识别、沟通、鉴赏能力,同时也养成了不浪费的好习惯。从另外一个角度来看,这也节约了能源,促进了环保事业的发展。

做"换客"不仅让孩子懂得了节约,而且还可以促进孩子的交际能力。孩子早晚要长大,他要和很多人因为各种事去打交道,这些都需要有良好的沟通能力,孩子也会因为这种优秀的沟通能力而得心应手地处理各种问题,可以让他变得更有自信。从下面的这个例子我们就可以看到一个人的沟通能力是多么的重要。

一家广告公司的老板雇佣了一个远房后辈亲戚,那个亲戚刚刚大学毕业,专业是广告设计的。后来发生的一件事让这个老板发现:这个亲戚的沟通办事能力差得不可思议!

有一次,他派这个亲戚去批发市场老供应商那去拿样纸,没过多久他就回来了,老板问他:"我交代你去拿6份彩色纸,怎么就拿回来4份?"

那个亲戚一脸认真地回答道:"只剩下4份了。"

老板接着问:"没有去市场别人家看看吗?这样纸的价格是多少?"

结果那个亲戚回答这两件事情都没有做,老板气得骂他一顿,一个上了这么多年学的年轻人,不应该每个细节都要事无巨细地交待清楚,如果连这点小事也做不好,那么哪个老板愿意用这样的人?

一个人的沟通能力实际上也代表着他处理人际关系的能力,而人际关系又关系着一个人事业的成败。因此，父母应该从小就注意孩子沟通能力的培养。

综上所述，培养孩子成为一个小换客是一个一箭双雕的事情，那么父母应该怎么指导孩子做一名“换客”呢？

1.把家里废品的支配权交给孩子

要想培养孩子做一名小“换客”，首先要给孩子支配废品的权力，可以鼓励孩子捡出一些能够用于交换的物品，将自己用不上的学习用品和同学们交换。这样一来，自己用不上的用品既有了价值，又换来了自己想要的东西。

2.来一次有新意的交换

我们所说的交换不一定是物与物的交换，还可以用物品来兑换劳动力，比如说，家长可以拿一些孩子感兴趣的物品，来换取孩子的劳动力，让他干一些家务或者修剪花草等。经过这样的体验，孩子既换到了自己想要的东西，又理解了劳动的意义。

3.做一些有意义的交换

其实交换不仅是物品的交换，还可以用来奉献爱心，做公益的交换。利用节假日的时候，父母可以鼓励孩子把家里的废品搜集起来，把它们有目的地兑换成一些学习生活用品，然后捐给贫困地区的孩子，通过这样的实践活动，孩子不仅尝到了交换的乐趣，还可以培养孩子的爱心。

培养一个砍价小高手

有一天，小波的妈妈去商场给他买鞋子。在第一家店铺里，小波一眼就看上了一双很漂亮的板鞋，随后妈妈去询问售货员那双板鞋的价钱。售货员开始很认真地给妈妈介绍起了那款鞋子。她说，这是今年最流行的款式，深受许多中学生的喜欢，现在只卖110元。妈妈听了以后，只是很客气地跟售货员道别，带着小波离开了。

接下来，妈妈带着小波来到了第二个店铺里，在这里他们发现了一个和第一个很类似的鞋子，妈妈又开口问了价格。意外的是，这双鞋的价格只有96元。可是妈妈依然没有要买的意思，又带着小波离开了。

和很多男孩一样，小波一点都不喜欢逛街，很快他就开始有点不耐烦了，他嘟囔着对妈妈说道："妈妈，我已经走累了，还要继续逛下去吗？只不过是买一双鞋子，没必要搞得这么麻烦，直接把我看上的那双鞋子买下来不就行了吗？"

妈妈看了小波一眼，对他说道："买东西就是要货比三家，才能够更清楚地知道价位。这样才好和商家讲价啊！"原来，妈妈是想买到物美价廉的东西。

又逛了几个店铺之后，妈妈就开始和别人讲价了。无论是从款式还是到做工，只要是自己能够找出来的让鞋降价的理由，妈妈都对售货员说了。

看到小波不满的表情，妈妈对他说道："儿子，买东西的时候当然需要多转一转，这样我们就可以了解到这个商品的大概价钱，等到讲价的时候也会有一个大致的目标。这时候我们就可以节省不少的钱。"

后来，妈妈和小波又回到了第一家店铺那里，因为心中已有了一个大概的数目。所以妈妈在讲价的时候更有信心了。最后用80元买到了小波相中的那双鞋子。

妈妈决定把节省下来的30元钱给小波让他当做零用钱。小波这时候才尝到了砍价的甜头，并且暗暗地下定决心，一定要学会与商家进行讨价还价。

讨价还价是我们平时经常遇到的一种现象，当一个人掌握了讨价还价的技巧之后，就能用最少的钱买到性价比更高的商品。当孩子到了一定的年龄，他们必然要和别人进行经济往来，讨价还价就成了他们的一门必修课。小波的妈妈非常聪明，她没有直接对孩子讲明讨价还价的好处，而是采取实际行动让孩子体会到讲价的好处，在这种情况下，孩子就有了讲价的动力。事实证明，这个方法是非常有效的。

当孩子不屑与商家还价的时候，父母应该给予足够的重视，要告诉孩子，家里的每分钱都是父母辛辛苦苦挣来的。如果不珍惜这些劳动成果，其实是对父母的一种不尊重。中国有句古话叫做“坐吃山空”，就是说不管一个人多么有钱，如果毫无限制的挥霍，那么终有一天他的财富会消失得无影无踪。

因此，让孩子学会讨价还价是一件受惠终生的事情，不仅让孩子节省了开支，而且还锻炼了他的语言沟通能力。那么，父母在这方面应该做些什么呢？

1.让孩子懂得报价和成交价的大致比例

由于缺乏经验，孩子在砍价的时候难免会比较盲目，父母应该结合自己的消费经历，把某些商品的报价和成交价的大致比例告诉孩子。这样一来，孩子也就大致确定了商家的最低价格，也就增大了讲价成功的几率。

比如说，父母和孩子一起购物的时候，可以让孩子观察一下商品上面的标的价格和最终成功的价格，看看中间有多大的悬殊，时间长了，孩子自然也就掌握这中间的比例问题了。

2.孩子应该掌握的讲价秘诀

在一定程度上，讲价也是一门艺术，孩子也需要掌握一些基本功，可以平时多走访几个店铺，对比一下不同商家的商品，综合分析一下商品的价

格、质量、款式等，再选择出自己最中意的商品。

在商品选定之后，还可以针对某一件商品的颜色、做工、印花等方面找出可以讲价的地方，尽量把价格压低。如果孩子对商品了解的信息越多，也就会更容易买到物美价廉的商品。诸如此类的讲价秘诀，父母没有必要一股脑地教给孩子，只要孩子见的多了，自然也就知道应该怎么运用了。

3.别让商家看透孩子的心思

在和商家进行沟通的时候，一定要学会隐藏自己的真实想法。即使自己特别中意某一件商品，也一定不要在商家面前表现出来。很多人都有这样的经历，当我们和商家的讲价行为陷入僵局的时候，如果我们表现出不想要的姿态时，很多商家就会主动降下价来，如果商家看出来你非常想要某件商品的话，他们就会坚持原价。这样一来到最后吃亏的往往还是消费者。

所以，家长在告诉孩子怎么挑选商品的时候一定会要注意隐藏自己的想法，千万不要让商家揣摩到你的心思，否则就很难砍下价了。

4.让孩子学会最实用的讲价招数

做一些事情之前，如果有技巧的话我们往往会很顺利。因此，父母可以告诉孩子一些比较实用的招数，当和商家谈价陷入僵局的时候，这些招数可令商家就范。例如，可以告诉商家，其他地方卖的比你这里便宜多了，或找出商品上的一些瑕疵和商家讲价，或是做出不想买的姿态，等等。当你使出这些招数，商家还是非常容易妥协的。

越是富，越要节俭

小林的爸爸是一名房地产商，小林从小就过着优越的生活，根本就不知道什么是苦，在学校里总觉得高人一等。

有一次，他买了一件一千多元的衣服，这相当于同桌小海爸爸一个月的工资。可是每次都是穿不了多久就给扔了，因为他觉得那件衣服的款式已经有点过时了。

小林的爷爷是一个经历过苦日子的人，勤俭节约的意识深深地刻在了他生命里。虽然现在的生活条件比以前好多了，可是小林的爷爷依旧坚持着节约的好习惯。每当看到孙子这样挥霍钱财时，爷爷就会非常生气。

不过，小林的爸爸却总是护着儿子，因为他觉得现在的生活条件好多了，既然如此，就应该让孩子好好享受生活，不能还按着以前的要求来管孩子。

就这样，虽然爷爷极力反对孙子的浪费，但是仍旧不能改变小林爸爸的看法。小林仍旧过着任意挥霍的生活，可是他们不知道命运的转轮此刻正在悄悄地靠近他们。

在金融风暴的影响下，小林家的生意也受到了很大的影响，小林爸爸的公司很快就倒闭了，并且还欠下一屁股债。小林的生活就此发生了转折，他无法承受这样惨重的打击，尽管家里面已经不像以前那么富有了，但是他依然想去那些高档商场选购商品，每天都被自己的消费欲望折磨着，他的脾气也暴躁起来。面对沮丧的父亲，他没有安慰的语言，却不时地埋怨父亲没有给他创造优越的物质生活。

看到儿子这个样子，小林的父亲才意识到自己的错误，之前只顾着让他一味地享受生活，没有注意培养孩子勤俭节约的意识。如今，家里边的生活

发生了翻天覆地的变化，儿子不体谅自己也就算了，居然还这样埋怨自己，小林爸爸真是伤透了心。

古语说："一粥一饭，当思来处不易；半丝半缕，恒念物力维艰。"不管到了什么时候，我们都应该坚持勤俭节约这一中华民族的传统美德，很多人都觉得勤俭节约已经成为过去。其实并不是这样，放眼世间你就会发现，虽然那些富翁有很多的钱，但是他们仍然恪守着勤俭节约的良好作风，因此他们的财富才会越积越多。

要想让孩子成为一个勤俭节约的人，父母首先要给孩子起到模范带头作用。只有父母做到了这一点，教育孩子的时候才会更加有威信，说出来的话才更能够让孩子信服。

我们提倡勤俭节约，并不是说反对孩子一切的消费行为，也不是让孩子变成一毛不拔的铁公鸡，而是要让孩子正确对待自己的消费行为。对于那些家庭条件较好的同学来说，更要养成勤俭节约的好习惯，父母也不能因为家境富有，就任孩子挥霍。就像事例中的小林爸爸一样，因为错失了对小林节约意识的培养，导致小林成了现在这个样子。

事实上，很多有钱的父母都已经意识到了这一点，他们从孩子身边的小事做起，渐渐地让孩子有了一定的自我约束能力，鼓励孩子主动地去勤俭节约，下面我们为父母们提供几点建议。

1.让孩子从小事做起

什么事情都不是一蹴而就的，当孩子有了节俭的意识以后，父母应该指导孩子从身边的小事做起。比如有事外出的时候，可以坐公交的话就不要打出租，还可以有意识地让孩子关注超市里降价促销的商品等，虽然这些事情都很小，但可以让孩子领会到勤俭节约的意义。

2.不浪费也是节约

在生活中，很多孩子都有浪费的坏习惯。比如说，一些孩子拿着面包刚啃了一两口，一不高兴就会把手中的吃的东西随手一丢；一件衣服穿了一两次就不穿了……诸如此类的现象还有很多，由此可见，孩子浪费东西并不是一件小事情，一定要引起父母的注意。

如果一个孩子总是随意地浪费东西，不懂得珍惜劳动成果，这对其以后的成长是非常不利的。所以，在日常生活中父母一定要留心孩子的举动，及时纠正他们的浪费行为。

3.先苦后甜

为了让孩子印象深刻，在培养孩子的勤俭意识的时候，父母不妨让孩子吃一些苦头。明白了劳动成果的来之不易后，他们自然就不会浪费了，这对于培养孩子的勤俭节约意识有着不可替代的作用。

比如说，当孩子向父母要零花钱的时候，父母可以鼓励孩子通过自己的劳动来赚取零花钱，比如说打零工或者是帮爸爸妈妈做一些家务等。只有孩子参加了真实的劳动，他才会更加懂得珍惜金钱。

“名牌情结”不要有

还是初中生的张鹏平时非常喜欢穿名牌，他的父母担心他有拜金主义的倾向，于是决定寻求心理咨询师的帮助。他的父母告诉咨询师，因为家里条件比较好，从小给孩子买的衣服和玩具都是比较好的，结果，孩子对名牌服饰的依赖性很强，甚至蔓延到其他的方面，从衣食住行到吃喝玩乐，孩子都言必谈品牌和价格，对于那些稍微有些便宜的东西，他根本就不放在眼里。

了解完一些基本情况之后，咨询师和张鹏进行了一些交流。他发现，张鹏的价值观有些偏差，就如他父母说的那样，对各种品牌津津乐道，对稍微差点的品牌嗤之以鼻。

咨询师指着他的鞋子小心地询问道：“孩子，这双鞋样子不错，多少钱啊？”

“也就一千多吧！老师，您不知道，这款鞋穿着特别舒服，名牌就是好。”

张鹏一边说着一边还得意地晃着脑袋，随后他也问道，“老师，你身上穿的西服也挺贵吧？”

“看来你的眼光不错嘛，这一件四千多。”咨询师笑着答道。

“喔，喔，我说呢，确实挺好看的。”张鹏连连点头。

又过了几天，咨询师换了一身衣服，从表面上来看质量也很好，但是价格却很便宜。张鹏习惯性地问道：“老师，您这身衣服也挺好的，是多少钱买的？”

咨询师笑着让张鹏来猜一下，结果他从3000元开始一直猜到了200多元！他显然大吃一惊：“怎么会这么便宜，这件衣服看着挺好的啊。”

这时，咨询师意味深长地对他说：“穿衣打扮讲究品牌有三种状态：第一种，穿上名牌的感觉像是暴发户；第二种，穿上名牌就有名牌的感觉，和你的这种状态很接近；第三种，穿什么样的衣服都像是名牌。”接着又问他，“你想知道这三种之间的区别在哪里吗？”

“肯定是个人的气质和修养！”张鹏若有所思地说道。然后，他又很认真地询问了咨询师买衣服的地方，在这之后，张鹏再也不盲目地追求名牌了。

爱美是人的天性，对于孩子来说也是如此。在经济条件允许的情况下，父母可以偶尔给孩子买一些名牌产品，而对于过分迷恋穿名牌的孩子，父母就不能一味地纵容了。一旦父母做出让步，这只能助长孩子的高消费和一意孤行的心理，使他们更加肆无忌惮地追求名牌。

对于现在的许多孩子来说，穿名牌服装，用名牌手机已经是司空见惯的事情了。有时候几个孩子凑在一起谈论的不是学习问题，而是在讨论一些著名的品牌，如果有哪个孩子不知道一个牌子，就会被冠以“老土”的绰号，从而给孩子的心里留下了自卑的阴影。

在孩子穿上名牌同时，攀比心理、虚荣心理也随着而滋生，这也是让父母们很头疼的一个问题。那么，我们究竟该怎样看待孩子的名牌情结呢？

1.运用合适的方式加以引导

在日常的家庭教育中，对待孩子的这种名牌情结不应该一味地直接予以否定，而要妥善地考虑其原有观念，巧妙调整角度和力度，鼓励孩子自己改掉这种坏的习惯。

父母们可以效仿我们事例中咨询师的办法，从其他地方加以引申，从而让孩子自己体会到，在性能方面，名牌和非名牌的服装没有本质上的区别。只有孩子自己亲身体会，他才会理解的更为深刻。

2.勤俭节约的品质要培养

所有的孩子都是父母的掌上宝，但是，如果把关爱变成了溺爱，反倒不利于孩子的健康成长。所以，为了让孩子有一个健康的心态，家长不能一味地助长孩子的“名牌情结”，一定要告知孩子，父母挣钱是非常不容易的，应懂得珍惜与节俭。

比如说，当孩子想要购买一件名牌的时候，父母可以这样对孩子说：“你这一件衣服的价钱可以买到同样质量的好几件，这是不是太浪费了？如果你把这些钱节省下来送给那些贫困山区的孩子，他们也许能够穿好几年。相信，你一定是一个有爱心的孩子！”听了这样话之后，孩子自然也就知道勤俭节约的重要性了。

3.不应该用名牌来炫耀

许多孩子都把穿名牌服装看作显示自己家庭经济实力和审美水平的标准，似乎自己的身价都体现在自己的衣食住行上面，这无非是攀比与虚荣心在作祟。为了孩子的健康成长，父母一定要对孩子的这种行为及时地加以引导。否则，不但会使孩子在铺张浪费、贪慕虚荣的路上越滑越远，而且方法不适当的时候，还会让孩子产生过激的行为。

怎么办?孩子买东西太跟风

淘淘刚刚上小学一年级,他十分喜欢乱买东西,可谓是不折不扣的"购物王"。每次妈妈来接送他上下学的时候,只要一看到校门口小摊上那些玩具和零食,他就迈不动脚步了,除非买下一两种东西,否则他就不肯走。

好买东西,这一点妈妈还能接受。可是最让妈妈头疼的,是淘淘买东西太过跟风。每当他看到其他孩子有新的玩具时,一定要缠着妈妈买,也不管那个东西是不是自己喜欢的,是不是自己需要的,一副不达目的誓不罢休的架势。

记得有一次,淘淘说要买一个粉色的铅笔盒,妈妈笑着说:"淘淘,你是个男孩子啊,怎么要买小姑娘粉色的铅笔盒?"

淘淘撅着嘴说:"因为班里流行!我同桌小刚就买了!"

妈妈说:"可是,你们不觉得这有点太女孩子了吗?"

淘淘说:"不觉得,只要大家都有,我就要买!"

"那如果有同学家里有车,天天都是家人开车送她上学,你怎么办?"

"那你们就必须买车!我也要汽车!"淘淘大声地说道。

看着这样的孩子,妈妈一时竟然不知道该说什么好了。

看着淘淘这样的孩子,父母们是不是觉得头都大了?的确,现实中这样的孩子还有太多太多,他们在买东西的时候没有一个明确的目标,喜欢乱花钱。总是别人买什么自己也买什么,盲目地跟风,没有自己的立场。这样的现象,必然导致了孩子大手大脚,必然导致了财商的低下!

于是乎,很多父母的棍棒教育开始了。也许,这种方式的确奏效,可是它的副作用也显而易见:孩子变得越来越懦弱或叛逆,再也不愿和父母交流。

结果，孩子的财商没有提高，情商也被毁灭了！

面对这样的孩子，父母应该有怎样的一种心态？首先，父母要理解孩子。出现这样的行为和心理趋势，并非没有一点可取之处。孩子爱买东西，也许是他真的需要一些东西来作为慰藉；孩子跟风买东西，是同伴之间彼此认同的一种方式，而且他们可以利用把兴趣与注意力集中到该东西上以克服某种焦虑。

明白了这一点，我们才能对症下药。

让我们再来看看美国，为什么美国的孩子很少有这样的举动？这是因为，绝大多数美国孩子都能够妥善管理自己手中的零用钱，而不会任意挥霍，因为这是他们自己的劳动所得，因此他们才懂得珍惜，将自己的钱用在最重要的地方。父母与孩子之间的 AA 制，通过劳动获取报酬……这些方式，都让孩子避免了跟风。他们不会轻易地就将自己赚来的钱就花掉。

美国父母的做法，也许会给我们一些启迪。还有更多的建议，我们中国父母也可以灵活采纳：

1.做个敢于说“不”的父母

真正优秀的父母，敢于向孩子说“不”。当然，这种拒绝不是粗鲁的和冷漠。在拒绝之后，我们还要向孩子解释清楚拒绝的原因。比如，家里需要添购某些家具，或者你在为他的学业存钱等。父母要让孩子知道合理而又明确的原因，这样一来，孩子就不会无理取闹了。

2.做个别跟风的父母

俗话说得好：上梁不正下梁歪。一个总是跟风的父母——今天看到同事买 IPHONE，明天也要买；看到某款车刚刚上市很受追捧，立刻准备换车。这样的父母，只能给孩子带来非常不好的影响。言传不如身教，榜样的力量是无穷的。作为父母，必须要为孩子树立一个好榜样，做到不盲从，不跟风，花钱的时候不大手大脚，这样，孩子也就会学着你的样子自我约束了。

3.让孩子自己存钱

杜绝孩子跟风的最佳方法，就是让他意识到钱的来之不易。所以，父母

不妨每月固定给孩子一些零用钱，也可以鼓励孩子，让他做一些“有偿家务”。当孩子经过劳动赚到零用钱时，就会感到这份钱是那么沉甸甸的。所以，他们看到自己喜欢的几种东西时就会衡量一下，哪种东西才是自己最需要的，哪种东西是没有必要买的，而不会盲目地叫父母买这买那。既锻炼了劳动能力，又提高了财商，这样的一石二鸟之举父母可以多多尝试！

别被广告蒙住了眼

这天，小龙带着一个精美的MP3来到教室，立刻引起了同学们的注意。一个同学问他：“小龙，这个MP3很漂亮，一定很贵吧！”

小龙说：“是不便宜，要300块呢！”

这时候，班里的“万事通”郭海凑了过来，他说：“让我看看。”

小龙急忙把MP3递了过去，他也想听听这个“万事通”是怎么说的。郭海左瞧瞧、右看看，还把耳机塞进了耳朵里。听了好一会儿，郭海说：“小龙，你这个买贵了。它不值300块的。”

小龙惊讶道：“这怎么可能？”

郭海说：“其实你这个是山寨的，正品的要800多，但这个最多值100块钱。”

小龙不服气地说：“可是，我这是在网上买的啊！那广告说得很好，说这有美国的芯片，还能当收音机用……”

郭海说：“哎，小龙，难道你不知道，现在的很多广告都是骗人的嘛，其实，广告就是为了让你买罢了，有一些广告很不负责的……像这样的产品，在深圳那边很多很多，都是几十块钱就能买到……以后，你不能再轻信广告了。”

听完郭海的话，小龙顿时傻眼了。

广告，无论孩子和大人都不陌生。在这个商品时代，通过广告，孩子能及时了解新的消费方式和倾向。尤其当各大商家感到孩子也是一个巨大的消费“潜力军”时，针对孩子的广告愈发铺天盖地……

广告，给了孩子更加便捷的购物渠道。可是，广告也很容易将孩子的双眼“蒙蔽”。毕竟，广告具有夸大性，这很容易给认识能力有限的孩子带来迷惑，影响他的财商发展。所以，我们要清醒地认识到：广告是把双刃剑。

小龙之所以花了冤枉钱，就是因为不懂广告。这方面，我们必须向他的父母问责：为什么你没有告诉孩子广告是什么？虽然广告在推荐商品信息方面做得很好，但是也正是由于它过于夸大事实，使人们看不到商品的缺点，从而做出错误的决定。广告，从来不会说出商品的不足。

所以，当我们的孩子开始关注广告时，我们要提醒他们：不要完全相信广告。我们要对同类产品进行对比，以此来确认自己所买到的是不是最好的。

以下是让孩子正确认识广告的方法：

1.引导孩子“批评”广告

孩子最容易受哪一类广告的影响？无疑是零食和饮料类的快速消费品。所以，孩子在看广告时，父母要培养孩子的批判意识。如果孩子用批判的眼光看待广告，那么，他在买商品的时候就不会被那些广告吸引，也不会盲目听从广告。

2.告诉孩子一些关于广告的常识

让孩子批评广告，这不是我们教育的目的。我们要做的是让孩子理解广告是什么。如果孩子知道一些相关的广告知识，就不会认为广告所言是百分之百地真实，也就不会完全相信它了。现在的网络很发达，有很多关于广告的幽默视频等，父母不妨带着孩子一起看，这样他就能懂得广告的常识。

3.告诉孩子，别因为小便宜轻信广告

如今，很多广告都会有各种“小便宜”：买一赠一、买五赠二……尤其是一些孩子玩具更为如此。表面上看，孩子得到了很多东西，但这些东西，又有几个有用呢？所以，对于这样的广告，我们要问孩子：“那个玩具汽车送的打

火机，你用得到吗？既然用不到，为什么我们要买？要知道，这些钱其实都已经包含在价格里了，我们不如自己去商场挑选，而不是被广告骗了！”

想想看，这样的语言，是不是会比一味地阻挠孩子要更有用？

4.让孩子知道，商品的实用价值比宣传重要

什么样的东西值得买？毫无疑问，实用价值高的东西。所以，我们一定要给孩子灌输这样的思想。例如，在孩子买东西的时候，可以通过多种渠道来了解商品的信息。我们可以让他多问别人关于该类商品的口碑，这其中会包括间接的反馈，也会有使用者的反馈。只有那些使用过该类商品的人，才最有发言权，对该类产品信息的反馈也才最具有真实性。只有这样，孩子才不会盲目购买商品。当然，我们要明确地告诉孩子：“广告也是参考之一，但它绝不是唯一的！”

归根到底，我们不是排斥广告，而是要让孩子正确认识广告，这样才有助于他的财商提升。通过广告了解一个产品的真实效用，做出理智的购买选择，这样孩子才不会乱花钱，才能拥有一个高财商！

让孩子学会辨别假冒产品

比亚是个10岁的法国孩子，这天和妈妈一起去超市买生活用品。只见他拿起了一盒漂亮的牙膏，然后放进了购物篮里。

这时候，妈妈仿佛觉得有点问题，又把牙膏拿了出来。她仔细地看了看牙膏的包装盒，然后打开盖子闻了一下，看它的味道是否正常，结果味道也不对。于是妈妈又看了一下条形码，发现条形码模糊不清。

妈妈急忙叫来导购员，问了问价格。结果，这款牙膏比正常价低了两元。

比亚好奇地问：“妈妈，你这是在做什么？”

妈妈说：“这款牙膏是假冒的。”

比亚说:“这怎么可能?”

为了让儿子心服口服,妈妈买了一盒回家。结果,比亚买后仅仅用了一次,就再也没有用过,因为在刷牙的时候根本就没有泡沫,如同泥巴。

比亚对妈妈说:“妈妈,你对了,原来这真的是假冒伪劣的!”

看着有些羞愧的儿子,妈妈没有训斥他,而是趁着这个机会将一些关于辨别假冒商品的基本知识教给了他,以便他在以后挑选商品的时候,能够更好地保护自己的权益。听完妈妈的介绍,比亚高兴地说:“谢谢妈妈!以后买东西时,我也会格外注意的!”

尽管,社会总在号召“真诚经营”,可是假冒商品总是层出不穷。对于大人来说,凭借着足够的社会阅历,我们还可以进行判断。但对于孩子来说,他们的认知能力有限,因此总会成为假冒商品的受害者。

很庆幸,比亚的妈妈没有比亚因为买到了假冒商品而大发雷霆,反而借着这个机会,给比亚好好上了一课。

比亚的妈妈正是我们的榜样,让孩子学会辨别假冒商品的方法有很多,可以查阅相关的书籍。还有一点,假冒商品的价格比较低廉,并且很少出现在大型商场之内。告诉孩子这一点,风险就会降低很多。

当然更重要的,则是培养孩子的细心,即对自己平时的衣食住行,要给予细心的体会和观察,这样才能够清楚地记得真品的特征,从而辨别出哪些产品是假货。细心的孩子,往往能快速发现问题,因为他们会对物品的原料、做工等进行细致观察。

除此之外,以下的几个细节方法,也能帮助孩子分辨出假冒商品:

1.买东西不贪图便宜

不要以为孩子小,就不懂得买便宜货。但正是因为这一点,他们被无良商家所利用,购买到了假冒商品。所以,我们必须提醒孩子:买东西不要一味地贪便宜。如果想要买一件物品,可以到正规的专门超市和商场去购买,尽管不能讨价还价,但是供货却很安全,而且产品的品质有一定的保障。这样就不会出现由于想买价格低的产品而买到假货的情况。

2.学会观察商标

“山寨”一词，相信无论孩子还是大人都不陌生。近年来，很多商家为了得到更多的利润，会借用同类产品的名牌包装之名来伪装自己。名优产品都有正规的商标，在这方面假冒商品却不太正规，如果细心比较就会发现两者之间的差别。所以，我们就要提醒孩子，拿到一件商品时，要先对它的商标进行观察，千万不要上了“李鬼”的当。

3.教会孩子辨别真假商品的基本技巧

教会孩子分辨假冒商品的技巧还有：认真查看包装上的商标、厂址、电话、商品条形码、防伪标识、生产批次等详细信息。

与此同时，父母还应该提醒孩子：懂得从价格和质量的方面入手。如果商品的价格差距太大，要认真查看它是不是假冒产品，而不能贪便宜。如果产品信息不齐全，就要警惕起来，只要孩子认真观察，就能判断这件商品是否属于假冒伪劣。

4.不可忽视的防伪电话

绝大多数的名优产品，都会在包装的显著位置印有防伪电话，这同样可以帮助我们判断。父母应该鼓励孩子拨打电话，真品的电话会有清晰的提示，而且是免费的。如果说一些不相关的内容，或者总是打不通，或说线路忙，就可以断定是假冒商品。同时，“3·15”热线也是可以进行咨询的渠道。

既能够锻炼财商，又可以锻炼口才，这样的方式，何乐而不为？

5.敢于举报

一旦孩子买到了假冒伪劣商品，那么父母就要第一时间鼓励孩子进行举报，这既能培养孩子的正义感，也可以避免其他人再上当受骗。为此，父母不妨在家中较显眼的位置写上打假电话，如果孩子遇到了出售假冒产品的情况就能及时举报。

以上的这几种方法，都能培养孩子的“火眼金睛”。当他们能够并敢于维护自己的合法权益，那么他的思维能力就会进入一个崭新的平台，财商也呈现迅速增长之势！

专挑“打折”，省钱不请自来

在一个周末，小旭的妈妈带着他去逛街。走到街边的一家服装店时，小旭跟妈妈看到门口的牌子上写着“7折优惠活动”的消息，小旭看到，有很多路过这的人看到牌子都会停下来看一下，也有不少人直接进去挑选了。

他觉得很奇怪，因为以前他跟同学去买鞋的时候一看到打折优惠的消息就会躲开，他们认为，那些所谓的“打折”商品都是有质量问题的，而且买“打折”的东西总觉得有些丢人，就像自己没钱一样。

小旭把自己心中的疑惑告诉给了妈妈，妈妈笑着回答道：“打折的意思就是给商品减价，比如说七折就是原价的十分之七，都是同样的商品，但需要我们花的钱就少了。上周你买的那件外套原价是200元，那家店打了五折，所以妈妈只花了100元就给你买到本应该200元的商品了。当然，也有商家因为商品质量问题而打折的，但是一般都会提前说明的。明白了吗？”

小旭似懂非懂地点了一下头，但随后又皱起了眉头，问道：“那如果店里的东西都五折卖了，那商家不就亏大了吗？”

“来，我们去店里看看，他们都是什么商品打折，会不会真的亏了本。”妈妈笑着说道。

进到店里，妈妈转了一圈，选了一件新款的时尚上衣，售货员告诉她，新上市的服装不参加打折活动。妈妈故意做出一副惊讶的样子，仔细看看店里也贴着“打折”的标语，售货员说的没错，牌子上只写了“部分”服装打折。

妈妈把衣服放回去之后，笑着告诉小旭，虽然打折看起来像是在做亏本买卖，其实并不是这样。尤其是在换季的时候，有很多商品都可能没卖出去，与其那么一直放着，还不如压低一点点利润，利用打折促销的方法吸引消费

者购买。一旦看到“打折”字样，顾客即使不需要也会进来看看，客流量多了，销售的机会也就多了，自然卖出去的也要多一点，跟那点折扣比起来，商家还是能够盈利的。

妈妈还告诉小旭，在购买商家所指定的鞋子时，人们确实是少花了钱，这就证实了打折并非虚假。

就像小旭的同学一样，有很多的孩子对“打折”的理解有点偏颇。在这个时候，父母应该告诉孩子，“打折”是商家常用的一种促销方式，有些“打折”商品是可以购买的，这样可以节省一些钱。

告诉孩子这些之后，父母还要引导他们平时多注意些商店打折优惠的消息，不急需的东西等打折时再去买，省下来的钱也许可以办最重要的事情。

通过对孩子“打折”方面的训练，孩子不仅掌握了这种省钱的妙招，还可以渐渐了解一些有用的经济常识，这对提高孩子的财商是非常重要的。

既然“打折”有如此多的好处，我们更需要让孩子做足功课，那么，父母在这些方面可以做些什么呢？

1.正确地看待商家的折扣

只有让孩子对“折扣”有了一个正确的认识，他才能够合理地利用“折扣”，父母可以告诉孩子，折扣是商家的一种促销方式，并不是在亏本营销，消费者购买“打折”商品的时候，的确可以省一点钱。

当孩子看到一些“打折”商品的时候，父母可以引导孩子观察一下“打折”商品和别的商品区别之处在哪，在质量一样的情况下，商品的价格是不是有所下调。通过自己的观察，孩子就会持着一个客观的态度来看待打折商品了。

2.注意打折商品的质量

在购买“打折”商品的时候，一定要注意商品的质量。我们不妨让孩子和其他的商品对比一下，看是不是完好无损的。此外，还要注意打折后的价格是否合理，有很多商家会抬高价格之后再打折，一定要让孩子注意这一点。

3.多让孩子积累一些实战经验

俗语说：“光说不练假把式”，让孩子学会购买打折商品不是仅靠说说就可以的，父母还要让孩子多多参与其中。比如说带着孩子一起去正在搞折扣宣传的商店，让孩子判断一下打折的商品怎么样，还可以和孩子讨论一下，为什么许多商品不打折。

4.买打折商品也要根据自己的需求

在合适的时候买一些打折商品确实能够帮我们省一些钱，但是我们也要考虑一下自己的需求，有些商品的确很便宜，但是如果我们买一些自己不需要的东西，反而是另一种浪费。

为了避免这种事情的发生，在准备购物之前，父母可以让孩子列出一个购物清单，根据清单来选购合适的商品，这样就可以有效地避免不必要的浪费。

“抠门”——孩子必须学会的理财技巧

石油大王洛克菲勒的名字我们并不陌生，他是美国19世纪的三大富豪之一。这位世界顶级的富豪活到了98岁，而他的一生至少赚了10亿美元，总共捐出九亿五千万美元，堪称世界首屈一指的大慈善家。

除了热衷慈善，洛克菲勒还有一个最大的性格特点：抠门。可以说，他的抠门，简直到了登峰造极的地步。每次，洛克菲勒都会到一家熟悉的餐厅用餐，在用餐后给服务生一毛五分钱的小费，这点小钱，几乎连服务生也看不上。

有一次，洛克菲勒又来到那家熟悉的餐馆吃饭。这次，他给的小费更少，只有5分钱。服务生有些不高兴了，说道：“洛克菲勒先生，如果我像你那样有钱的话，我肯定不会吝啬那一毛钱。”

洛克菲勒笑了笑说：“这就是你为何一辈子当服务生的原因。”

洛克菲勒的故事，是不是让孩子和家人很受感触？也许，我们真的做不到洛克菲勒那样，而这正是我们与洛克菲勒的差距：洛克菲勒的财商太高了！

也许，很多父母会这样说：“一毛、两毛的小钱，至于这么抠门么？孩子长大工作后，自然而然就会学会理财！”但相信你也知道，现在社会上“啃老族”越来越多，这些人的父母当初和你的想法也是一样的。所以，为了你家的孩子今后能够有能力养活自己，养活他自己的家人，不成为新一代的“啃老族”，我们就必须让孩子们学会“抠门”。

更重要的是，如今的物价飞涨，生活压力也越来越大，依然大手大脚，那么用不了多久再厚的继续也要被耗光！所以，为了能够让自己的生活过得好一点，每个家庭都应该精打细算。孩子现在也不小了，需要了解一些理财的知识，也该懂得怎样合理地使用钱财。

这里，给爸爸妈妈介绍几个“抠门”法：

1.不买名牌衣服

如今的孩子生活在信息时代，对品牌格外在乎。如果不是名牌就不买，如果不是名牌就不穿。其实，这只是孩子的虚荣心在作祟，只是孩子盲目跟风的一种表现。买名牌衣服是一笔很大的花销，因此，不买名牌衣服是我们教会孩子理财的重要内容之一。

当然更重要的是，父母不要总是表现得追逐品牌。否则，我们又怎么有权利说孩子？

2.出门不打车

现在有很多孩子，因为家庭条件良好的缘故，每天都是“专车”上下学。如果有一天父母有事不能送他去上学，为了避免挤车，孩子就会选择打车去上学。甚至有的孩子都没有坐过公交车。

我们都知道，打车并不便宜。那么，我们就应该让孩子学会对自己抠门，出门不打车，坐公交车是一个很好的选择，这不仅有利于培养孩子的理财能力，同时也培养了孩子的独立能力。闲暇之时，我们应该多带着孩子乘坐公共交通，让他们逐渐喜欢上这种交通工具。

对于那些十分厌烦公交车的孩子，我们不妨引导他去学着让座。因为，让座的孩子总会得到大人们的赞扬，而孩子又是喜欢被表扬的。当他们在公交车上可以感受到其他人的尊重时，又怎会不愿意乘坐公交车？

3.出去吃饭 AA 制

现在的孩子零花钱很充裕，因此不免染上了大手大脚的习惯。尤其当他们听到其他小朋友的赞美时，他们会更加显得像个“阔少爷”、“富小姐”。为了让孩子学会“抠门”，我们就要让他在与人出去吃饭的时候 AA 制。也许刚开始的时候他并不习惯，感到自己已经不是焦点，这个时候我们不妨如此安慰他：“孩子，虽然大家没有再说你阔气，可是你是否感觉到，大家和你的距离更近了？仔细感受一下，现在的这种快乐，是不是比过去更真实？”当我们可以如此暗示他时，那么他自然会变得“抠门”，热衷于 AA 制的消费方式！

当然，我们要记得，“抠门”并不是让孩子什么都不买，而是让孩子把钱花到有用的地方。唯有如此，孩子的财商才能水涨船高！

言传身教，生活中节省的小窍门

小芳的妈妈是一个很会过日子的人，虽然家里面的条件并不是非常优越，可是妈妈总会精打细算把日子过得很细致。

小芳发现，妈妈非常关注超市里商品的价格变化，一旦遇到商品促销打折的时候，妈妈总会挑选一些必需的商品买一些；买衣服的时候，妈妈也会选择反季购买，既节省了不少的钱，又买到了质量比较好的商品。

妈妈不仅自己平时在消费的时候非常谨慎，而且也非常注重对小芳的教育，在妈妈的影响下，小芳也掌握了一些省钱的好办法，因此每个月的零花钱都会有结余，到年底的时候，小芳利用自己平时积攒的零花钱给每个家

人买了一件既实用又便宜的小礼物。

随着社会竞争的越来越激烈，对一个人的理财能力要求的也越来越高，因此父母也应该鼓励孩子节省消费，平时要学会储蓄，从而多培养孩子的理财能力。

古人云："授人以鱼莫如授人以渔。"父母在给孩子钱的同时一定要关注孩子是否合理地用了这些钱，因此父母需要从小就培养孩子正确的消费观和理财观，这对孩子一生都会产生积极的影响。父母只有从小就引导孩子并帮助孩子建立正确的消费观和理财观，才能帮助孩子在以后的人生道路上越走越顺利。

作为孩子的第一任老师，父母应该多给孩子一些正面的影响，尽管不是刻意地去教孩子，孩子也会从父母的一言一行中受到影响，当父母有一些节省的小窍门时，不妨告诉孩子，这对孩子理财能力的提高是很有帮助的。那么，父母应该从哪些方面着手呢？

1.克制孩子花钱的欲望

孩子的自律能力是很差的，每当看见一些漂亮的小玩具或是小饰品的时候就会忍不住想买，这时候，父母不要去轻易地去责骂孩子，那样只会让事情恶性发展。

要想控制孩子的花钱欲望，父母可以让孩子学着自己买单，只有让他自己支配零花钱的时候，他才能切身体会到金钱的来之不易，自然也就知道应该珍惜金钱了。

2.从日常生活中寻找一些省钱小窍门

如果我们细心观察就会发现，日常生活中有很多省钱的好办法。比如在进行购物之前，我们可以先让孩子制订一个购物清单，这不仅可以控制住孩子的购买欲，还可以让他知道哪些东西是必须要买的，哪些是可以节省下来的，这样一来就避免了消费超支的现象，孩子的理财能力也会随着而提高。

另外，还有那些我们前面讲到的一些省钱的好办法。比如说专挑打折商品、学会抠门，等等，这些父母都可以在实际生活中传授给孩子。

3.让孩子学会货比三家

对于现在的孩子来说，有更多自己去消费的机会。在这期间，父母可以趁机教导孩子学习看物品的价格，学会购买一些物美价廉的商品，学会货比三家，不要只凭一时冲动就盲目购买，要学会仔细地对比一下商品。

比如说当父母和孩子一起去购物的时候，父母可以提醒孩子多去几家商店逛一下，购买性价比最高的商品。经过几次这样的购物实践，孩子也就明白货比三家的重要性了。

4.成人生活开支的训练

当孩子到了一定的年龄，父母可以让他进行成人开支的模拟的训练。因为现在的孩子都是家里的小太阳，父母们都不愿给孩子过多的负担和压力，可是，当他长大后就会面对自己的房租费、水电费、交通费等日常的开支，如果到时候再让他去学着掌握这些技能，就会让他感到束手无策。为了孩子今后能从容地面对这一切，父母不妨让孩子多参与几次家庭采购，为家里买菜，交电话费，交水电费，等等，让他提前感受到这些日常的开支。

同时，父母还可以将家庭账簿给他看，让他了解家里的钱是怎样开支的，这也有助于孩子今后管理自己家庭的财政。

小心误区：省钱不是不花钱

一位父亲拥有上亿的家产，别人都以为他的孩子平时花钱大手大脚的，可是事实恰恰相反，他的儿子在班里却是最寒酸的一个，父亲平时给儿子零花钱的时候非常吝啬。

有一次，这个父亲的一位朋友去他家拜访他，恰巧遇到他给孩子发放零花钱，看到孩子拿着那一丁点的零花钱，朋友就问他为什么如此“小气”。

这位父亲严肃地回答道:“不是小气,是责任。我这么做是为了让儿子知道钱的来之不易,只有从小就养成节俭的习惯,大了才能有所作为。虽然我们家里有保姆,但是我从不允许保姆为孩子做一些孩子自己能完成的事情。当然,只要他说清楚自己每项开支的用途,我也会毫不犹豫地给他的,让他节省并不是不让他花钱。如果父母总是替孩子包办代替所有的事情,从某种意义上讲只会剥夺孩子劳动的权利和锻炼的机会,不利于孩子的健康成长。

我们鼓励孩子养成勤俭节约的好习惯,但并不是要孩子不花钱。过分的消费不是好事,过分的节省也一样。如果孩子只知道盲目地节省钱,忽略了一些生活中的必要支出,反倒违背了我们指导孩子理财的初衷。

社会的正常运转需要消费的支撑,没有合理的消费反而会对经济的发展产生很大的负面影响。我们可以试想一下,如果人们都不再去购买电器,那么所有制作和销售电器的行业都会倒闭,在这些部门工作的人们也会失业。与这些部门相关联的如提供原料等的其他工厂、员工也会关门、失业。当全国都出现这种情况的话,整个国家的经济秩序都会陷入一片混乱。

由此可见,只有“有节制”的合理的消费行为才可以起到正面的影响,那么,父母应该如何引导孩子正确地进行消费呢?

1.让孩子清楚哪些是生活必需的

在帮助孩子养成合理的消费习惯之前,父母首先要让孩子意识到哪些是生活必需的东西。如果是真的需要的话,还要参考其价格、服务、质量等多方面的因素。如果只是想要的话,就要慎重地考虑一下了。

当孩子购买一件商品的时候,父母可以提醒孩子考虑一下到底是不是生活必需的。对于那些不是生活必需的物品,在购买的时候一定要经过慎重的考虑。

2.让孩子了解省钱和不花钱的区别

为了避免孩子这个误区,父母一定要帮孩子区别好这个问题。兵兵爸爸的解决办法可以供我们参考一下。有一次,兵兵对爸爸说:“既然说花钱是浪费,为什么大家不都把钱存起来,这样不是更好?”爸爸笑着解释道:“你的想法太单纯了，没有节制的消费固然不好，但其实消费并非是一件坏事，关键是要合理。如果人们都可以根据自己的能力去合理消费，那么就会刺激整个社会的经济发展，整个社会都会生机勃勃。

3.该花的钱，绝对不能省

有的父母太过注意省钱，甚至一些必要的开支都不给孩子。例如，在天气炎热的夏天，多给孩子一两元钱买只冰棍解渴；放学晚了，给孩子适当的零花钱让他们买些吃的充饥。这些，其实都是孩子平常的必需消费，父母万万不可太抠门。否则，孩子已经很大了却一点也不懂得消费，甚至对商品的变化、进步都一无所知，那么这样的孩子又谈何高财商？所以，该花的钱，我们绝对不能省！

第七章

理财小妙招

合理运用一些理财工具

很多父母都有这样的疑问，枯燥的理财教育孩子愿意接受吗？其实，父母们大可不必为了这个问题而忧心忡忡，一些理财小工具就可以很轻松地解决这些问题。当孩子不知道怎么存钱的时候，父母可以拿出一个别致的小存钱罐；当孩子陷入盲目购物的误区时，可以给孩子准备一个精巧的购物日记本……只要父母做到这些，还担心孩子对理财不“感冒”吗？

给孩子一个别致的存钱罐

阿宏还在幼儿园上学,他有一个很漂亮的存钱罐,可是他还想再要一个,他的父母告诉他,只有把第一个装满,父母才会给他买第二个。

在那之后,阿宏就改变了只是把存钱罐当成玩具的想法,因为他很想拥有自己喜欢的第二个存钱罐,于是阿宏开始注意生活中的细节,把节省下来的零花钱都存到了存钱罐里,一段时间之后,他终于把第一个存钱罐给存满了,于是妈妈就给他买了一个他中意已久的存钱罐。

存钱罐作为一种理财工具,首先要让孩子对它有一个正确的认识。明白它并不是普通的玩具。通过对存钱罐的认识,孩子更能深刻地认识到存钱不是一件容易的事情,自然也就会尽量克制自己花钱的欲望了。

在培养孩子财商的时候,我们可以利用存钱罐来帮助孩子。现在的存钱工具多种多样,孩子们的选择很多。有卡通的,有动物的,有木头的和竹子的,父母可以根据孩子的喜好选择一个,因为是自己喜欢的,孩子用它存钱的时候自然是劲头十足。

阿丽的妈妈在一家陶瓷厂工作,有一天,她带着阿丽来到工厂,让阿丽完成一个属于她自己的存钱罐。

经过几个小时的学习,阿丽在妈妈的帮助下完成了自己的处女作,接着妈妈开始和她研究起自己的劳动成果。经过反复的实验,阿丽发现存钱罐可以存钱,但是取钱太不容易。当她把这个疑问反映给妈妈的时候,妈妈告诉她之所以要增加取钱的难度,就是为了控制自己不能轻易地把钱拿出来。

阿丽的妈妈用了一个非常巧妙的办法让阿丽知道了存钱罐的意义,我们可以借鉴她的这个思路,让孩子主动发现存钱罐的奥妙之处。

其实,要想把存钱罐存满并不是一件难事。出一趟门,购一次物,总会找回很多的零钱,它们是非常容易遗失的。父母可以和孩子一起完成一项任务:把存钱罐的存满。对孩子来说,让他们存钱和让他们收集有意思的瓶子或图片是一样的行为。所以在教会孩子使用存钱工具的时候没有必要特别去交代存进去的是钱。

对于那些还没有行动的父母来说,怎么利用存钱罐来吸引孩子呢?

1.让你的孩子认识存钱罐

这是我们首先要做的事情,存钱工具是一种收集零钱的工具,钱放进去容易取出来难,这就是为了帮助我们减少一些不必要的支出。

家长可以带孩子去看各种各样的存钱罐,让孩子挑选一个自己最喜欢的,然后再慢慢地向他们讲述存钱罐有什么作用,为了帮助孩子更好地理解,完全可以把存钱罐拟人化,让孩子和存钱罐做一对好朋友。

2.享受存钱的过程

在告诉孩子应该存钱的时候,父母可以和孩子一起体会存钱的乐趣,只有乐在其中,孩子才会愿意去主动存钱。

就算是一个再小的硬币,它们通过一个固定的收集器具收集后,也会积少成多。父母可以和孩子一起去存钱,他存 1 角,你也存 1 角,随着存钱罐里面的钱越来越多,和他一起分享存钱的快乐。

3.养成把零碎硬币存放在存钱罐的习惯

良好的存钱习惯对孩子来说是很有用的,父母可以和孩子一起把存钱罐拿在手上,摇晃后听发出的声音,分析里面大概装了多少钱。然后父母对孩子说:“怎么让它变得更重呢?”答案当然是经常把钱存进罐子里。长此以往,孩子慢慢就养成了存钱的习惯。

巧用计划表，养成攒钱习惯

小敏是一个5岁的可爱女孩，有一天，她郑重其事地跟父母说："爸爸妈妈，给你们说一件事，我想请你们吃饭！"

"呵呵，你想带我们去哪里吃呢？"妈妈好奇地问女儿。

"嗯，就去咱们上次去过的那个地方？"

妈妈听了以后，对小敏说道："虽然那里边的饭菜比较便宜，可是如果三个人去吃的话，最少也得花上几十块钱，你有那么多钱吗？"

妈妈原本想女儿会被吓一跳，可没想到女儿高兴地说道："妈妈这个你就不知道了，我有很多很多钱呢。"女儿一边说着，一边从自己的口袋中掏出了一堆硬币和纸币。妈妈看了以后，笑着说道："宝贝儿，你这些钱根本不够我们去消费，还是等你长大了能够挣钱的时候再请我们吃饭吧。"

女儿听了妈妈的话后，心情十分失落，这一天下来她都是闷闷不乐的。第二天小敏醒来见爸爸已经走了，于是便号啕大哭起来。妈妈赶紧过来询问，原来小敏昨天晚上和爸爸商量好了，今天要和爸爸一起去上班，可是爸爸不讲信用，一觉醒来的时候，爸爸早就走了。

妈妈听了以后，赶紧安慰道："宝贝儿，妈妈明天带你去上班好不好啊？爸爸可能突然临时有事，所以才忘了叫醒你。再说了，你怎么想着要跟着爸爸一起去上班呢？"

"上班就会有工资啊，那么我就有钱请你们吃饭了呀！"小敏很认真地说道。

"呵呵，真是一个好孩子。爸爸去上班是需要付出辛苦的劳动的，你还没有能力做这些事情。等到你长大以后就可以参加工作挣钱了，你可以到那个时候请我们吃饭啊!”妈妈苦口婆心地劝说着。

“我现在就想请你们吃饭,是不是我这个愿望真的就无法实现呢?”小敏一脸困惑地看着妈妈。

“这还是有可能实现,你还可以通过攒钱来请客啊。爸爸妈妈不是经常给你一些零用钱吗?你可以自己制定一个计划表,保证每天存一点钱。只要坚持按照这个计划表来执行,你就会攒够钱,也就可以请我们吃饭了。”妈妈耐心地给女儿出着主意,“最好,你还能做一份表格出来,然后贴在床头,这样就更有计划了!”

小敏听了很高兴,从那以后,女儿就开始为了请客而攒钱了,她存钱罐里的钱越来越多。并且,她的那张计划表也越来越完善。有时候小敏遇到喜欢的布娃娃,想要从存款当中拿出一部分来用。这时候妈妈就会及时地提醒她,让她看看计划表。

在妈妈的引导和计划表的监督下,女儿的存款越来越多,三个月之后,她终于凑够了吃饭的钱,一家人高高兴地出去玩了一天,当小敏去结账的时候,她真的是自豪极了。

不可否认,现在大多数的孩子都过着养尊处优的生活,作为全家人的核心,父母更是捧在手里怕掉了,含在嘴里怕化了。为了不让孩子受到任何委屈,父母们可是操碎了心。可是,有一个问题我们却不能回避,很多父母都是无限制地给孩子零用钱,也不管孩子把钱花在了哪里,他们以为这样做就是对孩子的爱,而没有意识到这样做恰恰会害了孩子。

随着孩子手里的钱越来越多,他们的消费欲望也在不断地膨胀,根本不会想到要有计划地花钱,长此以往,孩子长大之后根本就无法处理好自己的财务情况。

那么,父母应该怎么在这方面引导孩子呢?虽然有些孩子已经有了攒钱的意识,可是因为自制力太差,往往会因为抵制不了各种诱惑而导致攒钱失败,这时父母可以引导孩子制作一个简洁明了的计划表,有计划地支出自己的各项开支,只有这样才能杜绝那种盲目花钱的现象,帮助孩子养成合理的

消费习惯。

当然，想让年幼的孩子完全独立做这份表，这显然有些不太现实。父母可以帮助孩子制订，监管并督促孩子去执行。具体而言，可以从以下几个方面做起：

1.让孩子对自己的收支有一个清醒的认识

在制作计划表之前，首先要让孩子对自己的收支情况有一个清醒的了解。包括平时的零花钱是怎么来的、一个月能够花掉多少的钱、有哪些支出是可以避免的等。当孩子把自己的支出情况摸清以后，才能够更好地制订一套储蓄计划。

小鹏的做法，就非常值得孩子们去学习：每到周末，小鹏都会拿出自己的计划表来核对这一星期的消费状况，看看是不是有不合理的消费行为，有则改之，无则加勉。随着时间的积累，小鹏自己总结出了一套省钱的好办法。

2.计划表上设定合理的攒钱目标

由于孩子缺乏社会经验，制定出来的计划表可能会不切实际。这时候父母应该帮助孩子来制定这个储蓄计划。让他确定自己应该从哪些方面开源节流、一个时期的存钱目标是多少。然后把这些内容都清清楚楚地记在自己的计划表上。

在引导的过程中，父母不能把自己的个人意志强加给孩子，对于孩子提出的意见一定要尊重，否则一旦引起孩子的抵触情绪，就更不愿意接受父母的建议了。

3.父母要监督孩子计划表的执行情况

孩子的自制力一般都比较弱，因此父母在孩子攒钱的过程还要扮演一个“监督者”的角色。当孩子没有按照计划表消费的时候，父母可以拿出计划表让孩子看一下，从而让孩子自己认识到错误，然后主动改正过来。当然，切不可随意减少或扣除孩子的零用钱，那样只会消磨孩子攒钱的积极性。

让孩子学写购物日记

有一天，大帅和爸爸在一起聊天，突然谈到了零用钱的问题。爸爸问道："大帅，你上个月的零用钱是怎么花的，有没有什么心得体会？"

"嗯……我就只是花，没怎么花就没了。"大帅吞吞吐吐地回答。大帅每次拿到零花钱后就是直接花，连怎么花掉的不清楚，更别说什么心得体会了。

和大帅相反的是，他的好朋友小景就在爸爸的指导下一直坚持写购物日记，我们抽出一篇来看看他是怎么写的：

2011年10月15日　　星期五　　天气晴　　西单

今天是教师节，下午我们没有上课，我跟大帅准备一起去西单图书大厦找资料，走在路上我们逛了几家店。在一家电动玩具店里，我相中了一个新款的电动玩具，可是价格很高，之前买东西的时候都是爸爸妈妈付钱，但是现在我手中只有那点零用钱，根本买不了什么。妈妈常说："不当家不知柴米贵"，我今天对此有了深刻的体会。说起来虽然价钱那么高，自己还没有那么多钱，但我还是很想要，就是不知道怎么跟商家还价，才能用手里的钱买下来。到底应该怎么做呢？如果还的价太低会不会遭人白眼？给得高了又怕自己吃亏……无奈之下我只能试着去跟商家还价，结果真的给了我一个意外的惊喜，因为我真的用那点零用钱买下来了！虽然回去发现同学买的比我的还要便宜，但我第一次的还价还是成功的！这次购物让我得到了两个体会：1.对钱有了更多的认识，没有计划和无限制的花钱，钱早晚要花光的；2.学会了一个省钱的好办法——还价，虽然这一次不是很成功，但相信多试几次就会好了！不去糊涂消费才能省下更多的钱去做别的事。

和大帅相比，小景的理财意识显然要强很多，从他的日记中我们可以看

到,他已经意识到了金钱的来之不易和如何进行省钱消费,我们可以确定,经过这次事情以后,小景一定不会乱花钱,做个理性消费者,而且还会更有计划地攒钱。

我们来反观大帅的行为,一直都是在迷迷糊糊地花钱,更别说是想着怎么省钱了。对待这种行为,父母一定要及时地进行引导,建议让孩子们坚持写购物日记,把买的物品、价格、购物时间、地址及体会准确地记录下来。之后父母可以一起探讨在消费的过程中有没有浪费的现象,哪些东西是没有必要买的。

在检讨孩子消费行为的同时,我们还应该提防孩子的攀比心理。有很多孩子为了表现自己的家庭条件不比同学的差,总是会进行一些超出自己能力范围的消费,甚至为此还欠同学"一屁股"的账,这些行为都是不利于孩子成长的,当孩子有这样的行为时,父母可以这样对他说:"你不是说要存钱买一整套的漫画书吗,既然已经计划好了,就应该坚持下去,否则就是前功尽弃,相信你也不想做一个半途而废的人吧。"听了这些激励的话语,相信孩子也会三思而后行了。那么,父母在指导孩子写购物日记的时候应该注意哪些问题呢?

1.内容要详尽

在指导孩子写购物日记的时候,父母一定要提醒孩子内容记录的尽量全面。每次购物之后,其购买原因、过程都要详细地记录下后,而且孩子还要发表一下自己的看法,评价一下自己的购物行为。只有这样才能让孩子学会自我反省、自我进步。

2.公开购物日记

对于孩子来说,购物日记的公开是十分有必要的。父母可以和孩子一起来记购物日记。每过一段时间,一家人都把购物日记拿出来,相互对比和监督,父母可以鼓励孩子提出自己的意见,这样既尊重了孩子的发言权,又让孩子意识到自己的重要性,他自然也就会更加重视购物日记的记录了。

零用钱备忘录，孩子的理财好帮手

在美国，有一个非常富有的家族，他们对待孩子的金钱教育非常严格。在这个家族看来，富裕家庭的孩子很容易被物质诱惑。所以，家族的大人，给每个孩子都准备了一个零用钱备忘录，里面的内容如下：

第一条，从5月1日起孩子的零用钱改为每个星期1美元50美分。

第二条，每个周末都要核对账目，如果父亲认为孩子的财政记录合格，那么，下周的零用钱就会多给10美分，但是最高限额要低于或等于2美元；如果父亲认为孩子的财政记录不合格，那么，下周就要减去10美分的零用钱。

第三条，不管在什么情况下，若是没有可以记录的收入或支出，那么，下周零用钱的数额与本周相同。

第四条，在核对账目的时候，如果书写不合格的话，那么，下周零用钱的数额与本周相同。

第五条，只有父亲才有权调整零用钱的标准。

第六条，最起码要从零用钱中抽出20%用于公益事业。

第七条，最起码要从零用钱中抽出20%用于储蓄。

第八条，账目中的每项支出都必须真实、准确。

第九条，如果没有经过父母的同意，孩子不能买东西，也不能去向父母要额外的钱。

第十条，如果孩子要买的东西超出了使用范围，就一定要告知父母。父母会给孩子足够的资金。找回的零钱以及标明商品价格、找零的收据一定要在买东西的当天晚上交给父母。

第十一条，除了车费之外，孩子不能向父母以外的人垫付资金。

第十二条，当孩子每个月存入银行的零用钱高于本月零用钱的20%时，父母要向孩子的账户补加同等数量的存款。

第十三条，上述条款长期有效，要想修改其中的条款，必须经父母和孩子双方的同意。

这个家族就是运用这样一个零用钱备忘录，使孩子在小的时候就养成了不乱花钱的良好习惯，掌握了理财、精打细算的本领。而他们的后代，也正是因为如此从而成为了经营的能手。

对于孩子来说，零用钱是他们理财的主要内容，一个小小的备忘录不仅可以让他们懂得如何进行财务的提前规划，还可以让他们养成良好的储蓄习惯。那么，父母应该怎么帮助孩子做好零花钱备忘录的记录呢？

1.父母一定要坚持

从孩子对钱有一个初步的概念，到他能够合理掌管钱财，这不是在短时间内就可以完成的，一定要循序渐进。比如说在去逛超市之前，父母一定要事先和孩子约定好。因为，孩子的自制力往往是比较差的，也许看到喜欢的东西就会放进购物车里，如果不买，他肯定就会大声地哭闹一番。如果遇到了这样的情况，父母一定要坚决执行事先的约定，否则孩子就会变本加厉地把哭闹当做制胜的法宝。

2.有奖有罚更公平

有很多父母在教育孩子的时候都只知道犯了错要惩罚，从没想过当孩子做得比较好的时候要给予适当的奖励。这种做法是非常不对的，只会抹杀孩子做事的积极性。所以，在父母的教育措施中，一定既要有惩罚，也要有奖励，双管齐下才能收到好的效果。

小物质的奖励很讨孩子欢心

邵颖从女儿5岁的时候，就开始计划着怎么给孩子上少儿理财课了，在投资公司上班的她深知理财对孩子未来成长的重要性，又考虑到孩子性格、爱好等方面的因素，所以她在选择教育方式的时候十分慎重。

在刚开始的时候，邵颖决定先从孩子的零花钱入手，让孩子首先学会正确地管理自己的零花钱。于是她告诉女儿她将定期给女儿发放零花钱。而且在下次发钱之前，她不会再多给女儿一分钱。

刚开始，女儿对这种理财方式非常感兴趣，也很乐于配合，可是没过多久问题就出来了，由于每个月孩子的零花钱并不多，女儿渐渐地就丧失了理财的兴趣。一旦有不够花的情况，她就开始向爷爷奶奶撒娇，非常疼爱孙女的老两口自然是乐于满足孩子的各种要求。

眼看着自己的办法没有起到什么实质的作用，邵颖又开始琢磨着怎么才能激发孩子的理财积极性。在经过一段时间的考虑之后，她终于想到了一个好办法。

在又一次发放零花钱的时候，她对女儿说："宝贝，如果这一次能够非常合理地规划自己零花钱的话，我就会在咱们的家庭计分板上给你画上一个大红花，同时，还会给你买一个你一直想买的卡通小发夹。你觉得怎么样？"

听完妈妈的话以后，女儿非常高兴，为了能够得到妈妈许诺的奖励，女儿很认真地给自己制定了一个消费计划表，还拿去让邵颖提供了一些意见。结果，在那段时间内，女儿的开支不但没有超额，反而还有了一些结余。

看到女儿的进步，邵颖非常高兴，按照当初的承诺给了孩子一定的奖励。

孩子活泼的特性决定了他们经常会三分钟的热度。父母在教孩子理财

的时候，不妨多采取一些奖励的小措施，其实，对于孩子来说，他们并没有很高的要求，有时候仅仅是一个小小的认可就会让他们很高兴。

那么，父母应该怎么激发孩子理财的积极性呢？其实这个问题很好解决，很多时候，一个小小的物质奖励就可以让孩子很开心。比如说，父母可以在给予孩子精神奖励的同时再给孩子买一件他很中意的东西，他的积极性就会很容易地被激发出来，也就会很愿意去配合父母。

物质的奖励确实能够起到一定的积极作用，但是父母一定要把握好分寸，父母在以下几个方面要尤其注意。

1.对孩子进行适当的物质奖励

所谓适当的奖励就是指一个“度”的问题，父母一定要把握好这个分寸。在平时，父母可以选择一些小的物件来奖励孩子，比如说一个作业本、一个小玩具、一个小饰物，等等，这个可以根据孩子的兴趣来选择。切不可给予孩子过分的奖励，那样只会助长孩子不健康心态的滋生。

2.鼓励孩子提高理财的主动性

在指导孩子进行理财的过程中，物质奖励终究不是能够长久来用的。可是，父母在给孩子物质奖励的同时，可以采取一些方法来提高孩子的主动性，不能让孩子因为想要获取奖励而主动理财，这样才能从根本上解决孩子的理财问题。

比如说，当父母给孩子发放奖励的时候，可以试探性地引导孩子说：“宝贝，其实你完全有能力来买自己想要的这个小娃娃，只要你节省着用你的零花钱，不到一个月你就可以存够钱了，而且，通过自己的努力而得到的东西，不是更有意义吗?”，听了这样的话之后，孩子自然也就明白储蓄的重要性了。

最容易忽视的理财"工具":暑期理财课

于龙马上就要上初中三年级了，平日里衣来伸手，饭来张口，几乎所有的事情都由父母来包办。

今年暑假，妈妈建议他多去进行一些社会实践，于龙觉得很新鲜就同意了，于是妈妈就安排他去了一个朋友的餐厅，让他去那里做一周的服务员。其实，妈妈之所以只要求他做一周，就是担心他做不到最后，没想到，于龙表现得非常好。一周结束以后，于龙决定还要在那里再做两周，妈妈欣然同意了。

结束实践之后，于龙对妈妈说道："这次锻炼让我接触到了各类不同的人，有特别懂礼貌的，也有晚一分钟就骂骂咧咧的。虽然这份工作很辛苦，但是真的学到了很多东西，也了解到了赚钱不容易，这是我过的最有意思的暑假！

暑假到了，这是孩子放松的时间，也是父母对孩子进行理财教育的好时机。现今社会，"零财商"的孩子遍地都是。很多孩子从小就胡乱花钱，整天进行一些过度消费的行为；而另外一些孩子则根本不会独立消费，买什么东西都要让父母陪着自己，更不用说规划自己钱财的用途了。为了让孩子更好地掌握理财技巧，父母可以利用暑期给孩子补补理财课。

给孩子发放零用钱的同时，我们也要给孩子设定具体的理财目标。开始的时候，父母和孩子一起定期检查孩子存了多少的钱，和孩子一起计算，并把具体的钱数记录下来。当孩子稍大点，就让孩子自己准备一个账本。这样，孩子对自己的每笔开销都可以做到心中有数。

1.暑假孩子花钱要有计划

对于孩子们来说，家庭理财教育是非常重要的。因为孩子的观念和行为往往受周围环境的影响，特别是父母的消费意识，可能会影响孩子的一生。

在培养孩子财商的时候，很多父母存有这样的疑问：该怎么引导孩子正确认识金钱？要不要给孩子零用钱？应该怎样培养孩子正确的理财观念？……其实，只要父母把握好教育的时机，孩子就能正确看待金钱，树立正确的金钱观念和理财观念，并学会合理地规划、利用金钱。

暑假里，孩子的时间比较充裕，也就有了更多的花钱机会和与父母接触的机会，父母们要充分利用暑假这个给孩子补理财教育的机会，多和孩子谈论一些理财的话题，多让孩子进行一些理财实践，以促使孩子对理财产生兴趣。比如说，当家庭在暑假出游的时候，这时候，父母可以让孩子参与到制订旅游计划中来，一起讨论出行的费用、预算等，这对孩子来说是一个非常难得的理财体验。

2.暑假是孩子赚钱的好时机

我们中国的孩子是最喜欢暑假的，一到这段时间，大部分孩子都会进入最轻松自在、最惬意的时候，整天不是看电视就是玩电脑游戏，要么就三五成群满街疯跑。而在美国，很多孩子在暑假比平时还要忙，他们都在忙着赚钱。暑假的时候，你经常会在美国的公园、路边或者某家花园里，看到孩子们在顶着太阳辛勤劳动，这一点是很值得我们中国父母借鉴。

因此，父母不妨趁暑假来好好锻炼一下孩子的理财能力，试着鼓励孩子走出家门，利用暑假赚一笔小钱，这对孩子来说将是非常宝贵的体验。

3.暑假打工让孩子更快成长

孩子平时的生活圈也就是学校和家庭，与社会上的环境接触的并不多，不能了解真正的现实。父母可以让孩子适当参加一些社会锻炼，和社会进行一次亲密的接触，提前了解社会的状态是什么，还能够让孩子了解钱的来之不易，体会父母的艰辛，真正认识到金钱的价值，学会科学合理地用钱。

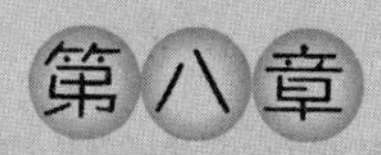

第八章

财富人生

开启孩子财商的理财故事

榜样的力量是无穷的！一说起财富，我们总能想到那些拥有高财商的人：李嘉诚、巴菲特、洛克菲勒，等等。他们的财富也不是信手拈来的，他们之所以能够创造一段段财富传奇，是因为他们身上有着这样或那样的理财头脑。这些智慧值得我们所有人去借鉴，对于孩子来说也是如此。父母们可以利用那些成功人士的理财小故事，将孩子引领到神秘的理财世界！

少年巴菲特的传奇财富故事

巴菲特是世界级著名的股神，他的一生极富传奇色彩。从少年时期，巴菲特就展现出了自己在投资方面的天分。他的少年传奇经历，值得每一个中国少年和父母进行阅读和思考。

巴菲特的家乡在美国西部一个叫做奥马哈的小城。他出生的时候，正是家里最困难的时期。父亲霍华德·巴菲特投资股票赔得一干二净，家里的生活常常是捉襟见肘，为了省下一点咖啡钱，母亲甚至不去参加她教堂朋友的聚会。

巴菲特自小就对数字产生了浓厚的兴趣，并显示了超常的数字记忆能力。有时候，他和小伙伴拉塞尔能够一下午都站在街边，记录街道上来来往往的汽车牌照号码。到了晚上，他们又开始玩新的游戏：拉塞尔随意说出一个城市的名字，而巴菲特就迅速地报出城市的人口数量。这个游戏在别人看来很枯燥，可是巴菲特却觉得很有趣。

为了接济家里面，巴菲特在5岁时，就在家外面的过道上摆了个小摊，向过往的人兜售口香糖。后来，他又到闹市区卖过柠檬汁。在他9岁的那一年，巴菲特和拉塞尔运走了加油站门口的饮料瓶盖，储存在家里的地下室。这可不是少年的一时心血来潮，他们是在做市场调查，看看哪种饮料卖得最好。

在炎热的夏季，巴菲特从祖父的食品店买来苏打水，然后自己再去沿街叫卖。10岁时，他当上了一名报童，每天早晨发送500份报纸，一个月下来可以挣到175美元，每当发了工资，他总是第一时间把它存起来。也就是这一年，巴菲特对炒股入了迷，像成年人一样他努力学习股票跌涨规律。11岁时，他购买了3股城建公共设施股票，每股38美元。当股票升值到每股40

美元的时候,他就把他给抛了出去,除掉手续费他赚了5美元。14岁时,他用自己攒下的1200美元在内布拉斯加买了40英亩农田,然后转手租给一个农田承包人,这也让他大赚了一笔。

眼光独到的他,总是能够发现别人发现不了的商机。他曾在高尔夫球场上寻找用过的但可以再用的高尔夫球,根据牌子定出价格,再发给邻居去卖,每卖出一个,他都会得到相应的提成。巴菲特还和一个伙伴在公园里建了高尔夫球亭,生意非常火暴。

在上高中的时候,巴菲特和善于机械修理的好朋友丹利在理发店里设置弹子机,他们和理发店的老板五五分成,吸引了不少的顾客,市场不断扩大。但是,巴菲特并没有被利润冲昏头脑,为了防止地痞流氓的骚扰,他总是选一些比较偏僻的地方扩展生意。

正是通过少年时期的不断磨砺和打拼,巴菲特在少年之时就展现出了过人的财商。正是凭借着这份财商,巴菲特赢得了人生,赢得了财富,成为全球首屈一指的富豪。

其实,除了股神巴菲特,许多世界知名的财富大王也都是从少年时期就已经尝试着做过生意,有的小小年纪就已经展现出了非凡的商业头脑。

从巴菲特的少年故事中我们可以发现,循序渐进,稳扎稳打是巴菲特一贯的投资风格,正是由于这种谨慎的态度,才成就了巴菲特今天的投资帝国和传奇。由此可见,从小就注重对孩子的财商教育并不是一件坏事,只要父母正确引导,就有可能培养出下一个“巴菲特”。

洛克菲勒的家族财富秘笈

“富不过三代”这句话，相信每个中国人都无比熟悉。的确如此，历史上有太多的巨商富贾，最终在一代一代的发展下渐渐没了踪迹。他们的祖辈辛苦打拼，最终赚到了让人咂舌的财富。但这些财富，却在百年之后彻底烟消云散。

然而，有一个家族却打破了这个规律，那就是大名鼎鼎的洛克菲勒家族。这个家族之所以长盛不衰，关键是洛克菲勒对金钱的把握很有尺度，对子女的金钱教育也做得很到位。

石油大王洛克菲勒，这是世界上第一位身家突破10亿美元的富豪。那一年，是19世纪末。如今，他的家族至今亦是地球上最富有的家族之一。保守估计，洛克菲勒家族如今的财富已经达到3180亿美元！

为什么洛克菲勒家族能够有如此雄厚的财富？难道，这个家族真的有赚钱的天赋？当然不是，这一切都要从洛克菲勒的财富家教说起。与现在的很多中国人一样，洛克菲勒只有一个儿子，名叫约翰。他尽管那么有钱，却从不娇惯儿子，从小教育儿子生活要节俭。

在很小的时候，约翰就已经开始打工。他的老板，正是父亲老洛克菲勒。他清晨便到田里干农活，有时帮母亲挤牛奶。他有一个专用于记账的小本子，把自己的工作量化后，按每小时0.37美元记入账本，尔后与父亲结算。

这件事，小约翰做的极其认真，并感到了无穷的乐趣。更有意味的是，洛克菲勒的第二代、第三代乃至第四代，都严格照此办理，并定期接受检查，否则，谁也别想得到一分钱的费用。

渐渐地，约翰长大了，继承了父亲的石油帝国，更继承了父亲节俭、严格教育子女的好传统。他的孩子，同样从小都有着打工的经历。

很快，第三代洛克菲勒成长起来了，并组建了自己的家庭，有了自己的孩子。约翰的儿子小洛克菲勒，尽管知道家族富甲天下，但从不在金钱上放任孩子。他有五个孩子，当他们7岁的时候.他就开始向他们灌输如何对待“金钱”的观念。他像他的祖父一样“吝啬”，每周孩子们只可以领到30美分津贴，还必须分成三部分：自己花、储蓄、施舍。

每当孩子领津贴的时候，小洛克菲勒还会把孩子们召集在一起，给他们一个小本子。这个本子，让他们用来记载每一分钱的用途和时间，因为每项开支都要有理由。小洛克菲勒每周都会进行检查，如果哪个孩子漏记了一笔账，就罚他5美分，而记录无误的那个则可以得到5美分的奖励。

尽管，5美分的奖励不算多，但是，这些孩子们依旧很爱劳动。可以说，劳动的基因早已植入了他们的DNA。比如，拍死一百只苍蝇的报酬是10美分；捉住一只老鼠的报酬是5美分；背柴火、锄地、拔草都能挣到钱。

有一件事，还在当时的美国传为佳话。小洛克菲勒的二儿子名叫纳尔逊，三儿子名叫劳伦斯，当他们到了10岁左右时，取得了擦全家皮鞋的“特许权”。他们清晨六点起床开始干活，每双皮鞋5美分，每双长筒靴10美分。后来，孩子们又找到一个挣钱的活，他们开垦了一个菜园，种了西葫芦、南瓜等，丰收的时候，他们个个兴奋极了。

小洛克菲勒按照市价，将这些蔬菜买下。其他孩子则把他们的产品装在童车上，到市场上去卖。父亲还曾经亲自教儿子们缝补衣服，并告诉他们：烹饪和缝补之类的事不是只应该妇女去干，每个人都必须做这样的劳动！

很多人都很奇怪，为什么洛克菲勒家族要如此教育孩子，甚至是苛刻孩子？原因正像小洛克菲勒所说的：“我要他们懂得金钱的价值，不要糟蹋它。”

所以，当时的美国很多报纸如此评论到洛克菲勒家族：“洛克菲勒家族这样做并非由于家中一贫如洗，而是为了从小培养孩子勤劳节俭的美德和艰苦自立的品格。那小账本上记载的岂止是孩子打工卖力的流水账，分明是孩子接受磨难和考验的经历！钱的知识与道德教育有紧密联系。孩子懂得钱

应该经过劳动赚得后，便会产生爱惜钱的心理，便会学着去储蓄，避免浪费。懂得节约用钱，计划开支，是很好的习惯。让孩子自己挣钱，可以很好地培养他们的独立精神！”

这段文字，正是对洛克菲勒家族的最高褒奖。第二代洛克菲勒，即约翰其实很早就说过：“富裕家庭的子女比普通人家的子女更容易受物质的诱惑，追求更多的享受，贪图走最平坦的道路，因此，富人进天堂比骆驼穿过针眼还要困难”。他像自己的父亲一样，为了使家族后继有人，自小严格要求孩子懂得每分钱来之不易，绝不容许轻易浪费。而事实证明，他们的教育方式成功了。

其实，不仅是洛克菲勒家族，很多发达国家的富豪，也都是如此“刻薄”地对待孩子的。在日本，许多学生利用课余时间，在饭店洗碗、端盘子，在商店售货或照顾老人、做家教等，挣钱交学费和零用。美国人一贯教育孩子自主自立，七八岁的小孩就成了“小生意人”，出售他们的“商品”挣零用钱。

“要花钱自己挣！”

这就是美国中学生的一句口号。每逢假期，他们就成了打工族，学习自食其力。也许是在麦当劳，也许是在农田，总之，他们会用自己的劳动，来赚来属于自己的钱。

中国的父母，此时是不是也很有启发？要想让自己的家族也长久富裕，那么就得学习洛克菲勒高超的金钱教育。只要我们能够坚持，那么也许再过几十年，属于中国的“洛克菲勒家族”就会诞生！

揭秘卡内基的财富密码

卡内基是美国著名的钢铁大王。,他出生于苏格兰古都丹弗姆林。在美国的工业史上,他书写下了不可磨灭的一页,他征服了钢铁世界,成为美国最大的钢铁制造商。

他曾经说过,“一个年轻人所能继承到的最丰厚的遗产, 莫过于出生于贫贱之家”,正是因为幼年时艰苦的奋斗经历,才让卡内基又多了几分成功的筹码。

卡内基的父亲是一名纺织工人,母亲除了需要做家务活之外,还要帮助别人缝补衣物来补贴家用。虽然家里边的条件很差,但是父母积极的生活态度感染了小卡内基,他继承了父母助人为乐的品质,经常帮助那些比他们还要穷的人。最重要的是,父母的勤奋也感染了他,这一信条贯穿了卡内基的一生。

在卡内基13岁的时候,全家人来到了纽约,后来他们一家又辗转来到了匹兹堡。因为手里面积蓄有限,父母拿不出多余的钱让孩子读正规的学校。小卡内基也非常懂事,为了减轻父母的负担,他在外面找了一份零工。白天去干活赚钱,晚上就去夜校给自己充电。

14岁的时候,卡内基顺利地成为了一个公司的一名信差,上班的第一天他就向经理自告奋勇地说,自己在一个星期之内一定能够把全城所有的线路记清楚。同事们看到这个刚来的小伙子夸下海口,都觉得不可理喻,他们等着看卡内基是怎么出丑的。

说干就干,卡内基拿了一份地图、一个笔记本,又借来了公司的一辆自行车,果然在一个星期之内记住了全城的所有路线。当他再次站在经理面前

的时候，那些等着看卡内基出丑的人都大吃一惊，然后都对他产生了由衷的敬佩。

由于卡内基这种踏实肯干的精神，经理开始让他学习有关电报的技术，不久之后卡内基就被宾夕法尼亚州铁路公司看中，于是他们以月薪 35 美元的条件把卡内基挖到了自己的门下，那时候卡内基才刚刚 18 岁。在那里的十年之间，卡内基暗暗地学习有关企业现代化的管理方法，这种勤奋的作风对他以后的人生产生了很大的影响，也为他日后组织一个规模较大的公司奠定了坚实的基础。

对于卡内基来说，由于家庭条件不好，他必须要靠自己的力量来改变命运，一旦有半点懒惰的心理，他的人生便只能与贫穷为伴。

正是依靠自己的勤奋，卡内基书写出了自己人生的新高度。勤奋是一名成功者应该具备的基本条件。不难想象，一个好吃懒做的人永远也不会与成功相遇，只有那些用自己的双手辛勤劳动的人才能取得最后的胜利。如果为人父母者想要孩子将来有一番大的成就，那就必须把孩子培养成一个勤奋的人。

我们可以试想一下，如果一个人每天早早地上床睡觉，等到第二天太阳晒到屁股了还不愿意起床，怎么可能会成就一番事业。他的最大贡献也无非是成为人们茶余饭后的谈资罢了。而那些任劳任怨的人，往往更容易赢得上司的青睐，财富之门自然也就会向他们敞开。

对于那些出身贫寒的人来说，他们更需要这种勤奋的品质。一分耕耘，一分收获，只有付出才可能会得到回报。很多成功人士在总结自己的经验的时候，无一例外地都会说到勤奋。而那些出身优裕的人也不能抛弃这种优秀的品质，如果总想着一劳永逸，结果只可能是坐吃山空。

这些事实都向我们证明，勤奋的人容易获得事业的成功。在对孩子进行财商教育的时候，一定要注意培养孩子勤奋的品质。只有这样，孩子才可能抓住眼前的机会，同时取得更大的成功。

“世界船王”是怎么炼成的

包玉刚是浙江宁波人，是世界上最早拥有10亿美元以上资产的12位华人富豪之一，也是世人公推的“华人世界船王”。他曾经说过这样一句话：“在经营中，每节约一分钱，你的利润就会多一分钱出来，节约与利润是成正比的。许多成功的商人就是因为秉承了节约的优良品格，才使得他们不断地走向成功。

有人曾经说包玉刚不像是一个船王，而像是一个银行家。这句话还是有一定道理的。包玉刚并非传统意义上的船王，因为他摒弃了传统的船只运营的办法，而是用他银行家的作风、方法去管理他的船队，他的这种做法让旁人看来非常不理解，但是却起到了实实在在的效果，看到他所取得的成就，又有谁敢说他不是真正的船王？

在包玉刚看来，把船租给用户，主要的问题是确定船在满负荷工作进行时的最多天数，根据这个来确定一个固定的和可预期的延期赔偿款项，进而拟出一个令双方都满意的合同。不仅如此，包玉刚还努力提高旧船的操作等级以取得更高的租金，同时降低各项开支的费用。

因为父亲是银行家出身，包玉刚对于控制成本和费用开支特别重视。他一直坚持不让他的船长耗费公司一分钱，他总是直截了当地对船长说：“不要跟那些与花费目标有关系的人一起休息。”他也不允许管理技术方面工作的负责人直接向船坞支付修理费用，因为他觉得他们是没有理财意识的。

一位在包玉刚身边服务多年的高级职员回忆道：在我为他服务的日子里，他都是用手写的纸条来传达指令。用来写这些条子的白纸，都是质量不太好的薄纸，他会把写的字撕成一张长条子送出，就连一张纸他都尽量把它

的作用发挥到最大程度。

到了1981年时候,包玉刚所拥有的船只数量就超过美国或苏联等国家船队的总吨位。有人问他老是飞来飞去的是不是坐包机?包玉刚说他是吃宁波乡下咸菜萝卜干长大的,怎么可以坐包机呢?

包玉刚每到一家宾馆,宾馆服务员对他换洗的衣服总是感到很惊讶,他的衣服和他的身家相比实在是太不相称了,什么名牌也没有。还有一次他回到宁波老家,一位村妇给他送来几只热热的煮鸡蛋。包玉刚接过家乡的鸡蛋,兴奋地说道:"世界船王拥有世界,还有什么东西是他最想要的吗?有,那就是家乡人送的热鸡蛋。"

包玉刚自奉节俭,乐善好施,先后捐资兴建北京兆龙饭店、上海交通大学兆龙图书馆、杭州包玉刚游泳池等,又倡设包兆龙、包玉刚中国留学生奖学基金,帮助那些贫困地区的优秀孩子们。家乡的建设也是包玉刚十分关心的。他曾出巨资帮助家乡开办了宁波大学,为家乡的教育事业做出了杰出的贡献。

虽然是世界级的船王,但是包玉刚的艰苦朴素的习惯却一直没有间断过,正是因为自己善于规划每笔金钱,将每一份资金都得到合理的运用,包玉刚才取得了令世人瞩目的成就。

在给孩子上理财课的时候,我们不妨给孩子讲一讲包玉刚的故事,让孩子自己去思考这其中的奥秘。父母可以这样对孩子说:"一个如此富裕的人尚且知道节俭的重要性,那我们这些普通人不更要保持这种优良的作风吗?"

亚洲首富李嘉诚的财富故事

提到中国那些有名的富豪，李嘉诚是一个我们不可回避的人物，他所组建的长江实业集团在香港的名声很大，他个人也曾多次荣获“亚洲首富”的称号。

人人都知李嘉诚现在身家不菲，可是李嘉诚在小的时候也曾过过苦日子，正是依靠自己身上种种优良的品质，他才取得了今天举世瞩目的成就。

李嘉诚出生在广东省的一个书香门第，父亲是一位小学校长，平时很注重孩子的教育问题，他不仅让孩子学习传统文化科目，还注重孩子综合素质的提高。在抗战爆发时候，国内局势动荡不安，为了躲避战乱，父亲带着全家辗转来到了香港，那时候李嘉诚刚刚 11 岁。

1940 年，李嘉诚的父亲不幸患上了肺病，由于没有足够的钱去看病，最终病逝了。那时候李嘉诚才深刻体会到贫穷是多么的可怕。他心里面很清楚，如果那时候家里有钱，就可以给父亲买药，也不至于让父亲这么早就过世；如果有钱，国家就可以抵御日本的侵略，全家人也不会漂泊异地。

父亲过世以后，李嘉诚就不得不离开了学校，挑起了照顾家里人的重担，对于一个热爱学习的孩子来说，这种痛苦是难以想象的。但是他明白，自己现在要做的就是努力地挣钱养家，年纪轻轻的李嘉诚已经认识到了金钱的巨大威力。不过，他并没有因此而走上非法赚钱的道路，从父母那里得到的教育也不允许他这么做。李嘉诚立志要改变家里面贫穷的现状，他毅然决然地投身到了荆棘丛生的商界，那年他才刚刚 14 岁，身上还带着孩子的稚气。

他找到的第一份工作是一家玩具制造厂的推销员，为了把工作做好，李嘉诚每天都要强迫自己工作 16 个小时以上。在工作中，李嘉诚把自己所有

的优点都表现了出来，如聪明、踏实、有上进心。在他20岁的时候，年纪轻轻的李嘉诚就成了这家玩具厂的经理。

由于经历过苦日子，李嘉诚在生活中十分节俭，甚至到了有点吝啬的地步。除了必须的支出以外，他连一件好的衣服都舍不得买。

1950年，他开办了长江塑胶厂，由于之前在玩具厂积累了一些经验，所以他的塑胶厂主要生产玩具，辅助做一些家庭用品。

就算是有了自己的企业，李嘉诚也始终严格要求自己，刚开始创业的时候，厂里面大大小小的事他都要去管，一边监督生产流程，一边还要去外边推销产品。一天下来四肢酸痛，为了不耽误第二天的工作，他经常都是定好几个闹钟。

从李嘉诚的经历中，我们知道了他能够成功的原因。他始终知道自己最需要的东西是什么，也明白自己应该通过什么途径去获得。因此才成就了一段财富神话。

李嘉诚曾经说过，父亲对自己的影响是最大的，因为是父亲让他明白了，做事情一定要认真，并且付出百分之百的努力。在孩子的教育问题上，李嘉诚深知财商的重要性，因此他非常注重对孩子财商的培养，渴望把孩子打造成一流的商业奇才。事实证明，他的教育方式是非常成功的，他的两个儿子都表现出了过人的经商才能。

我国有句古话："王侯将相，宁有种乎？"这句话告诉我们人都是平等的，没有谁生来就是高贵的，也没有谁生来就是卑贱的。我们的命运完全掌握在我们自己的手中，就像李嘉诚一样，在家境破落的情况下，他仍旧坚持奋斗，最终取得了成功。

还有一件小事，同样可以说明李嘉诚身上的特质：

有一次李嘉诚吃完早饭从家里出来，正当秘书为其开车门弯腰欲上车的刹那，不小心从口袋里掉出来一个硬币，恰巧滚落到路边的井盖下面。

如果是别人的话，也许不会在去找这枚硬币了，可是李嘉诚让秘书通知服务人员前来揭开井盖，小心翼翼在井下寻找该硬币。过了10分钟以后，终于找到了硬币，于是李嘉诚先生“奖励”这位服务人员100元港币。别人都非常纳闷，以为“落井”的这枚硬币有特殊身份，但其实就是一枚普通硬币。

李嘉诚后来解释道：一枚硬币也是财富，如果你现在不去捡它，它就只能“落井”了，可是慢慢地财神也会离你而去；100元港币则是李嘉诚先生对服务满意的报酬。

诚然，有很多孩子出生在优裕的家庭环境中，自小过惯了了养尊处优的生活，可是如果父母没有对其进行财商教育的话，那么他最终就会成为一个纨绔子弟，当家里发生变故的时候，他可能还会一如既往地挥霍，成为真正意义上的“败家子”。相反，那些受过良好财商教育的穷人家的孩子，他们可能是白手起家，成功的事例不在少数，由此可见，不论家庭条件如何，都应该注重对孩子的财商教育。

司马光的教子之道

司马光是北宋杰出的政治家史学家和散文家，字君实，陕州夏县涑水人，世称“涑水先生”。宋仁宗宝元元年进士，曾任天章阁侍讲、御史中丞、尚书左仆射等官职，后追封为温国公。他的一生写了不少的书籍，其代表作就是著名的《资治通鉴》。

很少有人知道的是，司马光不仅是一个伟大的文学家，更是一位杰出的教育家。对于儿子的教育培养，他可谓煞费苦心。

司马光的生活非常简朴，工作作风稳重踏实，而且他十分注重孩子勤俭朴实习惯的培养。据有关史料记载，他在《答刘蒙书》中说自己“视地而后敢行，顿足而后敢立”。为了完成《资治通鉴》这部历史巨著，他让自己的儿子司马康也参与进来。当他看到儿子读书用指甲抓书页时，他非常生气，认真地传授了他爱护书籍的经验与方法：在准备读书前，先要把书桌擦干净，垫上

一块干净的桌布;读书时,要坐得端端正正;先用右手拇指的侧面把书页的边缘托起,再用食指轻轻盖住以揭开一页。他教诫儿子,读书人就应该好好爱护书籍,要养成良好的读书习惯,这让他的儿子终身受益。

司马光在生活当中也非常节俭。“平生衣取蔽寒,食取充腹”,但却“不敢服垢弊以矫俗于名”。他常常教育儿子:食丰而生奢,阔盛而生侈。为了更好地让孩子理解到节俭的重要性,他以家书的体裁写了一篇论俭约的文章。在文章中他极力地谴责了奢侈的作风,提倡节俭朴实。

同时他还把理论和实践结合起来,对他的儿子循循善诱,他在文章中写到:“俭,德之共也;侈,恶之大也。”“言有德者皆由俭来也。夫俭则寡欲。君子寡欲则不役于物,可以直道而行;小人寡欲则能谨身节用,远罪丰家。”“侈则多欲。君子多欲则贪慕富贵,枉道速祸;小人多欲则多求妄用,败家丧身。”那句“由俭入奢易,由奢入俭难”的教子警句,一直流传至今。

在司马光的教导下,司马康以俭朴自律,学有所成,博古通今,历任校书郎、著作郎兼任侍讲,做官非常的清廉节约,深受百姓的爱戴。

不仅是司马光,唐朝诗人李商隐在《咏史》中写下这样一句话:“历览前贤国与家,成由节俭败由奢。”由此可见,小到一个人、一个家庭,大到一个国家、整个人类,要想生存,要想发展,勤俭节约的品质都是不可或缺的。

诸葛亮把“静以修身,俭以养德”作为修身之道;朱子将“一粥一饭,当思来处不易;半丝半缕,恒念物力维艰”当作齐家的训言;毛泽东以“厉行节约,勤俭建国”作为治国的方针策略。这些伟人在注重自身节俭的同时,也十分重视对后代的俭朴教育。这种言传身教的精神,成为后人教子的楷模。

随着经济的发展,我们的生活水平和古人相比已经有了很大的提高,可是勤俭节约的这种优良品质仍需要我们去继续继承和发扬。对于我们所有人来说,这些优秀的品质到了什么时候都不会落伍。

在指导孩子理财的时候,父母们更不能忽略对孩子勤俭节约意识的培养,这也是孩子财商教育中的重要一课。在平时,父母可以多给孩子讲一些名人的理财小故事,让孩子从故事中获得一些理财感悟。

不溺爱孩子的郑板桥

郑板桥是我国古代著名的书画家、诗人，他的书画书法在当时有很高的社会声誉。而他的教子方式，也是非常受到后世教育学家的认同。

郑板桥52岁的时候，才有了儿子小宝。老来得子是一件非常令人高兴的事情，大多数人都会溺爱孩子，但郑板桥却不以为然，他觉得要把儿子培养成有用的人才，教育方法是非常重要的。

有一年，郑板桥被派到山东潍县做知县，将小宝留在家里，让妻子及弟弟郑墨负责照看。由于非常担心家里人过分宠爱孩子，虽然他身在山东，但心中无时无刻不在想念着在家的儿子。他觉得，如果让弟弟来照看孩子的话，肯定会比自己更娇惯。所以，他从山东不断写诗寄回家中让小宝学习：

锄禾日当午，汗滴禾下土；谁知盘中餐，粒粒皆辛苦。

二月卖新丝，五月粜新谷；医得眼前疮，剜却心头肉。

昨日入城市，归来泪满巾；遍身罗绮者，不是养蚕人。

九九八十一，穷汉受罪毕；才得放脚眠，蚊虫跳蚤出。

小宝在母亲的悉心指导下，一遍又一遍地背记着这些诗句，渐渐领会了这些诗句中蕴含的人生哲理。

郑板桥深知“娇子如杀子”的道理，有一次，他听说小宝在家常常对小伙伴们炫耀自己的父亲是做大官的，有时还欺侮佣人家的孩子后，便立即给弟弟写了一封家书，在信中他这样写道：“我五十二岁才得一子，岂有不爱之理！爱要以其道。”

每个孩子都是父母的心头肉，但爱孩子要有爱孩子的办法。“以其道”是真爱，不“以其道”是溺爱，这种爱只会害了孩子。所以，郑板桥要弟弟和家人

对小宝严加管教，注意“长其忠厚之情，驱其残忍之性”。

在郑板桥的指导下，家人运用适当的方法对小宝进行教育，收效很大，之后，弟弟郑墨给郑板桥写了封信，讲了孩子的长进，并说照此下去，长大之后一定能够建功立业，甚至比郑板桥做得还要好。

收到弟弟的这封信后，郑板桥觉得弟弟对小宝太姑息了，这样并不利于孩子的发展。于是，郑板桥立刻给弟弟回复了一封信，他在信中这样写道：我们这些人，“一捧书本，便想中举，中进士，做官，如何攫取金钱，造大房屋，置多田产。其实这事一开始就选错了路，后来事情越来越坏，总没个好结果。”他还说：“读书中举、中进士、做官，这都是小事，最重要的是首先要学会做人。”这里所说的好人，就是指那些品德素质高的人，有益于社会的人。

从小宝6岁开始，郑板桥就把小宝带在自己身边，亲自指导儿子读书，要求小宝每天必须背诵一定的诗文，并且经常告诉他要养成艰苦朴素的好习惯，并让他参加力所能及的家务劳动。

在小宝12岁的时候，郑板桥又让孩子用小的水桶自己挑水，天热天冷都要挑满，中间从没间断过。由于父亲言传身教，小宝也在一天天的进步。当时潍县灾荒十分严重，郑板桥一向清贫，家里并没有多余的存粮。一天小宝哭着向母亲喊饿，母亲就给小宝拿一个用玉米面做的窝头，对他说道：“这是你爹中午节省下的，快拿去吃吧！”小宝蹦蹦跳跳地走到门外，高高兴兴地啃着窝头。这时，一个光着脚的小女孩站在旁边，一直盯着小宝的窝头在不断地咽口水。小宝立刻将手中的窝头分一半给了小女孩。

郑板桥知道后，夸奖小宝道：“孩子，你做得非常正确，学会和别人分享是人生很重要的一堂课！”

虽说郑板桥老年得子，但并没有因此而去溺爱孩子，因为他清楚地知道过分的溺爱只能害了孩子，唯有让孩子多经历一些风风雨雨，他才会更加坚强。

天下的父母都深爱着自己的孩子，但如果采用了错误的教子之道，就算是付出再多的心血，也不会有什么好的结果。对于孩子来说，那些勤俭节约、艰苦朴素的优良品质必须从小开始培养，只有这样，孩子长大后才会真的有一番作为。郑板桥的教子之道非常值得广大父母去学习。

这些人，从小就会赚钱

雷·克罗克的少年财富经

雷·克罗克是麦当劳的创始人，1902年出生在芝加哥西部近郊的橡树园。他不爱读书，喜欢独自思考，提前设想自己遇到各种问题的时候应该怎么解决。尤其对于财富，从小的他，就表现出了过人的才智。

12岁时，雷·克罗克初中二年级还没有上完，就离开学校开始了工作，在这段时间，他的幻想或多或少地被付诸行动。他想开一个卖柠檬水的摊位，没过多久他就真的开了起来；他还和两个朋友一起合伙开办唱片店，每人投资100美元，主营唱片和一些稀有的乐器，如奥卡利那笛、口琴和尤克里里琴等，克罗克负责弹钢琴唱歌来吸引客人，结果三个人赚到了不少的钱。

克罗克也推销过其他的东西。1930年，克罗克利用中午时间观察了一家叫做华尔格林的食品连锁店的客流量，从这里面他发现了一个商机——用带盖的纸杯卖啤酒或软饮料给那些找不到座位的客人打包带走。

机不可失，克罗克赶紧去拜访了那家店的经理，给他演示了自己发明的纸杯。但经理摇头回绝道："不是你疯了，就是你把我当疯子。客人在我的柜台前喝一杯啤酒付15美分，用纸杯带走的话又不会多加钱。我为什么要提高自己的成本呢？"

"这样肯定会增加你的客流量，你可以在柜台前单独设一个地方来做外卖，用纸杯来装需要带走的饮料，把客人要的其他食品一起放在袋子里给他们拿走。"克罗克解释道。

经过一段时间的推销，经理同意免费试用他提供的纸杯。结果，外卖柜台一设立，生意就非常火暴，没过多久，克罗克就成了华尔格林的专业供应商。而说起克罗克最大的事业——麦当劳，则是他52岁以后的事了。

1974年，克罗克被邀请去奥斯汀为得克萨斯州州立大学的工商管理硕士班作讲演，在演讲结束之后，学生们邀请他去喝一杯，雷·克罗克高兴地接受了邀请。

在酒吧里，克罗克问学生们："谁能告诉我，我是做什么的？"听完这句话后，每个人都笑了，很多人都认为这是克罗克在开玩笑，没有人回答他的问题，于是克罗克又问："为什么不回答我？"学生们又一次笑了，最后一个大胆的学生叫道："克罗克，所有人都知道你是做汉堡包的。"

雷·克罗克听了以后，笑着说道："我就知道你们会这么说。"他很快停止笑声，说道："亲爱的同学们，其实我不做汉堡包业务，我的真正生意是房地产。"

看着同学们一头雾水的样子，克罗克解释道，从长期的商业规划来看，麦当劳的基本业务将是出售麦当劳的各个分店给各个合伙人，克罗克十分注重店的选址，因为他知道房产和位置将是每个分店获得成功的最重要的因素。当克罗克占有地理位置优越的商铺时，那些买下分店的人也将付钱从麦当劳集团手中买下分店的地产——麦当劳今天已是世界上最大的房地产商了，它拥有的房地产数量甚至比天主教会的还要多。今天，麦当劳已经拥有美国以及世界其他地方的一些最值钱的街角和十字路口的黄金地段。

刘永好四兄弟的心酸童年

刘永好是新希望集团董事长、希望集团总裁，全国政协委员，全国工商联副主席，中国民生银行副董事长。在2001年度的《福布斯》个人财富排行榜上，刘氏四兄弟以80亿人民币个人财富位居排行榜榜首。

为什么刘永好兄弟几个可以做到这一点？让我们来看一看他们的童年：

刘永好出生在一个贫困的家庭中，全家只靠刘永好父亲一个人的工资生活。刘永好兄妹五人，由于母亲有病，家里靠他父亲一个人的工资养七口人是十分困难的。刘永好在四个兄弟中排行最小，小时候基本都是穿哥哥剩下的衣服，甚至很长时间都没鞋穿。

在这种困难的条件下，烧的柴火全都是自己去捡的，早上去捡煤渣，除了留下自己要用的，还要去卖一部分，卖出去一部分帮家里贴补家用。在那段时期，每天早上兄弟几个都去捡煤渣，可是这样赚到的钱是非常有限的。他们几个都非常喜欢下雨，因为下大雨风会吹掉很多树枝，他们把那些树枝捡回家，等晒干后拿去卖。

四兄弟总是很早就出去捡煤渣了，五点一刻左右就要到县城的街上去，因为那个时候刚好餐馆或者其他的小店要生火。那时就要把煤渣给掏出来，而这个时候谁先去谁先得，所以必须得守在那里，等着别人生火。有时要等10分钟，甚至是更长的时间。

1982年，刘永好四兄弟凑出了1000元钱，开始养起了小鸡和鹌鹑。然后就有了众人皆知的刘氏兄弟的希望集团。

勤劳节俭永远是一个优秀企业家的美德，刘永好兄弟身上就具有这种优良的品德，即使后来刘永好变得非常富有，但仍然保持着勤俭的生活习惯，这是非常难能可贵的。

朱新礼，汇源果汁的奠基人

朱新礼是汇源果汁的创始人，他自小出身在山东省沂蒙山区——沂源县东里镇东里村。沂源县山多地少，经常发生干旱，靠天吃饭。在那里，贫穷基本上就是那个地方的常态。朱新礼从小就过着贫困的生活，也感受到了农民对脱贫致富的极度渴望。

穷则思变，人的斗志更容易被穷困的生活激发出来，它能够让人自强自立，与命运抗争。朱新礼就是如此。小时候家里虽然很穷，但聪明的他却总是能够想出办法，而且他特别的吃苦耐劳，跑到山上采草药勤工俭学。据说，他从小的书费和学费都是自己挣的。那时同学们的家庭条件都不是很好，总是有人不能够按时交纳学杂费，老师就把每学期最早和最后交齐的10个人名单写到黑板上公布，而朱新礼每次都是前十名交钱的，而且都是他自己挣的

钱。至今说起这些，他仍旧感到非常自豪。他是该村第一个万元户，也是全村公认的大能人。依靠自己的辛勤劳动走上了发家致富的道路。朱新礼成了众人羡慕的对象。

1992年，朱新礼收购了一家即将倒闭的罐头厂，打造成中国最大的果汁饮料巨头——汇源。不久把它打造成了中国有名的水果饮料品牌，更带动了当地水果种植产业的发展，帮助很多果农走上致富之路。

从小就有“赚钱头脑”的朱新礼，小时候就能从身边找到赚钱的路子，这是创业者首先要培养的一个素质——财商。想让孩子成为一个像朱新礼一样的杰出企业家，那么，我们就必须培养孩子的这种特质！

“抠门”富豪大盘点

最爱“抠门”的李书福

李书福是我国吉利集团的董事长，身家数亿，经常出入国内外，但是他的抠门作风，与其身家一样出名。

从李书福的穿戴上来看，最为著名的是他的那双鞋。在一次采访中，李书福曾当场把鞋脱下，还为其打起了广告，说这双鞋是多么的物美价廉。随后又说起了自己身上那件30元的棉衬衣穿着是多么的舒服。连现场采访的记者都惊呆了，没想到李书福是一个这么节俭的人。

还有一个关于他的故事，有一次李书福来到位于北京的一个下属企业视察，在公司大厦的门前被保安给拦住了，保安之所以不让他进楼门，是因为这座大厦是谢绝民工进入的。由此可见李书福的简朴到了什么程度。

据吉利的工作人员说，他们平时很难见到李书福买500元以上的衣服，让秘书去买西装时，还特别强调要300块钱一套的。平时，他经常穿着一件黄不拉叽的夹克,在厂区干脆就穿工作服。那套300多元的西装就算是形象服了,只有在一些重要的场合他才舍得穿。

在这样一位“抠门”老板的带领下,吉利内部管理也秉承李书福的作风,据说,李书福要求吉利人员出差订机票,如果有打折机票可订的话,坚决不允许订全价票。

也正是因为李书福的“抠门”,吉利汽车在研发过程中避免了很多不必要的浪费,和其他的汽车相比大大降低了成本,一直保持着价格最优的优势。

郭台铭,“抠门”出名的台商

郭台铭是鸿海集团董事长,台湾首富。熟悉他的人都知道他喜欢这样一个故事:有一个人去请教某富翁如何致富,富翁说:请您稍等一下,故事很长,我把电灯关了再说。

在郭台铭的人生字典中,若要致富就必须从每一个细小的地方节省资源,铺张浪费是永远不可能取得成功的。他办公室的办公桌是几张会议桌拼凑而成,一把座椅也用了几十年。

有人总结说,鸿海赚钱的秘诀就在一个省字。上班时间,公司走廊的灯间隔着亮;午餐时分,办公室里面的灯都要先熄灭。会议室基本没什么装饰,仅有的一些装饰品也都是最便宜的。为此郭台铭常被朋友取笑没品位,可是他认真地回答道:我现在有什么东西买不起?可是如果我真的去做一些表面功夫的话,股东们就要担心了。

就是因为郭台铭的节省,鸿海集团才有了大规模的发展,郭台铭这种时刻以股东利益着想的态度也决定了他注定会取得成功。

张汝京,节省的电子企业家

中芯国际是中国内地规模最大、技术最先进的集成电路芯片的制造企业。有人说,企业的成功就来源于其总裁张汝京的节省。

在平时,张汝京都住在在中芯员工宿舍,平时吃的工作餐也就是7元的盒饭。为了把汽油钱节省下来,张汝京不坐排量1.6的桑塔纳,而是坐排量1.3的经济型轿车。

在刚开始盖厂房的时候，张汝京建议在厂房的旁边修一个铁皮屋，做临时办公室，等工厂盖好后，又把这个铁皮屋当仓库用，在这中间，节省出了一两台机器的钱。

在细节方面的节省，中芯国际做的也很好。厂房里面的灯都是分区的，有人的地方才开，没人的地方关掉。而且他们的水回收率达到80%。中芯国际在北京的一家工厂甚至做到了全部雨水都可以回收。

很多事情都是由细节决定成败，在张汝京的节省榜样下，中芯国际十分注重各个细节方面的工作，将每份资源都得到最大化的利用，这才成就了中芯国际今日的辉煌。

邱继宝的"小抠门"

飞跃集团是全世界最大的缝制设备生产商，其董事长邱继宝虽然拥有亿万资产，可是在生活作风等方面依然保持着艰苦朴素的作风。现在，他仍然和在自己公司打工的妻子居住在公司仓库的阁楼里，一个仅仅几十平方米的光线不足的小屋。

当别人为他为什么要这么艰苦的时候，他说："我住仓库主要是为了工作方便，而且这里的环境非常安静，适合独自思考一些问题。"

就是依靠自身的这种艰苦朴素的作风，邱继宝才能带领着一个企业大踏步往前走，他身上所散发出的这种个人魅力，也是企业能够成功的重要原因之一。

郭鹤年，首屈一指的马来西亚"抠门"首富

郭鹤年是马来西亚的首富。他集两个称号于一身，先是享有亚洲糖王的美誉，后来又有酒店大王之称，可是他的事业仍在不断地向前发展。从白糖、酒店、房地产、船务、矿产、保险、传媒到粮油，他创建了一个庞大的商业王国。就是这样一个叱咤商场的人，他从不喜欢炫耀自己的财富，生活中仍保持着节俭简朴的作风。

他上下班的交通工具通常就是地铁，对于他来说最奢侈的事情就是打车上班。他穿的衣服几乎没有上百元的。这位被称为香格里拉之父的大老板，办公室里的书桌与沙发仍是十几年前的款式，需要出门的时候，他从不坐高级轿车，他说公司的宝马与林肯是为外宾及专家服务的。

除了生活作风上面的简朴之外，郭鹤年还是公益事业的积极倡导者。2005年1月，郭鹤年通过其嘉里粮油（中国）公司，向主持希望工程的中国青少年基金会捐赠5000万元。还资助了不少的贫苦学生。

郭鹤年在给基金会的信中这样写道：人生在世，有两件事要做的：首先要刻苦工作，努力奋斗，安排家庭的生活；同时，还要力所能及地去帮助一些人。这样社会才会和谐、稳定和进步。

一个拥有大量财富却仍保持着简朴作风的人是难能可贵的。郭鹤年在这一方面给我们做出了榜样。同时，他积极投身慈善事业的举动也是非常值得我们学习的。在教育孩子进行理财的时候，我们更应该重视这种爱心意识的培养。